低碳贝氏体型非调质钢的
控轧控冷

李 智 著

东北大学出版社
·沈 阳·

ⓒ 李　智　2021

图书在版编目（CIP）数据

低碳贝氏体型非调质钢的控轧控冷 ／ 李智著. — 沈
阳：东北大学出版社，2021.9
　　ISBN　978-7-5517-2745-7

　Ⅰ.①低… 　Ⅱ.①李… 　Ⅲ.①钢材－热轧－控制方法
Ⅳ.①TG335.1

中国版本图书馆 CIP 数据核字（2021）第 170340 号

出 版 者：东北大学出版社
　　　　　地址：沈阳市和平区文化路三号巷 11 号
　　　　　邮编：110819
　　　　　电话：024－83680176（总编室）　83687331（营销部）
　　　　　传真：024－83680176（总编室）　83680180（营销部）
　　　　　网址：http://www.neupress.com
　　　　　E-mail：neuph@neupress.com
印 刷 者：沈阳市第二市政建设工程公司印刷厂
发 行 者：东北大学出版社
幅面尺寸：170 mm×230 mm
印　　张：9
字　　数：144 千字
出版时间：2021 年 9 月第 1 版
印刷时间：2021 年 9 月第 1 次印刷
策划编辑：汪子珺
责任编辑：李　佳
责任校对：刘　泉
封面设计：潘正一
责任出版：唐敏志

ISBN　978-7-5517-2745-7　　　　　　　　　定　价：56.00 元

前　言

　　控制轧制和控制冷却技术对在降低成本、简化工艺的同时，生产出具有良好综合力学性能的低碳贝氏体型非调质钢起到重要作用。由于控轧控冷涉及控制钢材在加热、轧制和冷却过程中的奥氏体组织演变、碳氮化物析出行为及相变组织等，因此，对这些阶段中发生的各种冶金学现象进行研究，可以达到预测和控制热轧产品质量的目的。

　　本书结合低碳贝氏体型 SBL 非调质钢，采用 Gleeble1500 热模拟试验机、光学显微镜、扫描电镜、透射电镜、硬度计及拉伸试验机、冲击试验机等测试手段，研究了变形奥氏体的再结晶行为、微合金碳氮化物的析出行为、过冷奥氏体的连续冷却转变及不同控轧控冷工艺参数对钢组织性能的影响。在实验室研究的基础上，进一步探讨了现场采用控轧控冷替代常规轧后回火工艺的可能性。

　　主要研究内容和结果包括如下几方面。

　　① 采用单道次压缩变形，研究了变形温度、变形速率对 SBL 非调质钢奥氏体动态再结晶行为的影响。根据 SBL 钢不同试验条件下的真应力-真应变曲线可知，动态再结晶发生在较高的变形温度和较低的应变速率下。

　　② 采用双道次压缩方法，研究了变形温度和变形程度对 SBL 非调质钢奥氏体热变形后静态再结晶行为的影响。发现微合金元素的应变诱导析出对静态再结晶起到抑制作用，SBL 钢的软化率曲线出现平台。

　　③ 在 Gleeble1500 热模拟试验机上，采用应力松弛方法，研究奥氏体

微合金碳氮化物沉淀析出行为，得出以下结论：SBL 钢的沉淀析出 PTT 曲线是典型的 C 曲线形状，在一定的奥氏体化和形变条件下，沉淀发生具有一个最快析出温度，为 900~920 ℃；奥氏体预变形加速沉淀析出过程的进行，使 PTT 曲线向左上方偏移。

④ 采用膨胀法与金相法相结合的方式，对 SBL 非调质钢奥氏体的静态及动态连续冷却转变进行了试验研究，发现奥氏体塑性形变有利于高温转变和中温转变，抑制马氏体转变。在贝氏体转变区域内，奥氏体形变和增大冷却速度均使粒状贝氏体的 M-A 小岛数量增加、尺寸减小。由此可以认为，SBL 钢贝氏体转变机制为扩散型转变。

⑤ 利用 Gleeble1500 热模拟试验机，研究控轧控冷工艺对 SBL 钢组织性能的影响，结果为：随着加热温度的升高，SBL 钢的强度、韧性和硬度降低而塑性提高；随着终轧温度的降低，强度、面缩率有所提高，硬度、韧性和延伸率降低；轧后控制冷却速度使 SBL 钢在室温时结成贝氏体组织是提高综合强韧性能的关键；在 SBL 钢奥氏体未再结晶区，终轧变形量越大，强韧性能越好；累积变形与变形速率对 SBL 钢综合力学性能的影响不明显。

⑥ 经试验，确定 SBL 钢的最优控轧控冷工艺为：1050~1100 ℃ 加热，终轧 850~900 ℃，终轧变形量应大于 10%，轧后以 2~6 ℃/s 的速度冷却。

⑦ 现场采用控轧控冷替代常规轧后回火工艺的途径是可行的。

谨以本书献给我最敬爱的母亲李淑彩女士。

著　者

2020 年 12 月

目 录

1　非调质钢控轧控冷研究进展

1.1　非调质钢及其发展

非调质钢是伴随国际上能源短缺而发展起来的一种高效节能钢,于1972年由德国开发,并很快成功地应用于制造汽车的曲轴和连杆等锻件。由于非调质钢节省能源,简化生产工序,世界上主要的产钢国家几乎都研究并生产了这一钢种。

非调质钢是指在中、低碳碳素钢的基础上添加微量的 V, Nb, Ti 等合金元素,通过控轧控冷,充分发挥沉淀强化、细晶强化及相变强化等作用,使钢材在热轧(锻)后无需调质处理就可同时具有高的强度和塑韧性。与调质钢相比,由于采用控轧控冷工艺取代了轧(锻)后淬火回火工序,非调质钢具有简化生产工艺流程、提高材料利用率、改善零件质量、降低能耗和制造成本(25%~38%)等许多优点。它已广泛应用于制造汽车的曲轴、连杆、凸轮轴、轮毂、换挡杆、花键轴、悬挂臂、转向节和稳定杆等[1-2]。为了加快汽车轻量化、部件高强化的进程,世界各国对非调质钢控轧控冷的研究和应用都给予广泛重视。据报道,20世纪70年代初由德国开发的49MnVS3,

在微合金化的基础上，通过适当的控制轧制，充分发挥 V 的沉淀强化作用，代替调质钢制作汽车曲轴，总成本减少 38%。每使用这种钢材 100 kg，估计可节省 22 美元。英国用 Vanard925 钢制作发动机曲轴，每年大约节省 50 万英镑（1982 年价格）。瑞典沃尔沃公司每年约耗 25000 t 非调质钢用于制造汽车零件[3]。在汽车工业发达的日本，非调质钢发展最为活跃，生产量计 22000 吨/月，且都以发展高韧性非调质钢为目标。日本现已采用低温轧制和 Nb，V 析出强化相结合的方法生产出高强度、高韧性的优质汽车用厚钢板，其锻造的汽车连杆也已经有 75% 采用非调质钢来制造。我国开展非调质钢控轧控冷的研究和应用相对于上述国家稍晚[4]，但比美国和俄罗斯要早。20 世纪 80 年代初我国就在较大的范围内开展了相关工作，并被列入国家"七五"科技攻关项目。可以说，现在的研究和开发工作已赶上世界先进水平，但在实际推广和使用方面，因某些原因还远远不能和发达国家相比。

非调质钢的发展先后经历了铁素体-珠光体型、贝氏体型、马氏体型三个阶段。

1.1.1 铁素体-珠光体型非调质钢

这是开发的最早也是当前用量最大的一类非调质钢，其代表钢种是 1972 年由德国蒂森公司开发的 49MnVS3[5]，具体成分如表 1.1 所列，钢的组织为铁素体-珠光体。此钢相继在西欧和日本得到应用并有较大发展。这种非调质钢是用钒为微合金化元素，控轧后空冷析出碳化钒来实现强化，抗拉强度大于 770 MPa，屈服强度大于 540 MPa，室温夏比 V 型缺口韧性为 7~14 J，脆性转变温度在室温以上。为了得到足够量的碳化钒来达到沉淀强化的目的，需要增加碳的质量分数以提高最后组织中的珠光体体积分数，但这又会损害韧性，所以，很难同时满足强度和韧性的要求，使其应用受到限制。近年来，开发了一系列新技术，用来提高高强度铁素体-珠光体型非调质钢的韧性，主要方法是细化奥氏体晶粒、促进晶粒内部铁素体的生成（IGF）、氧化物冶金术等，使此类非调质钢的抗拉强度达 800 MPa 以上，延伸率为 2%，常温冲击值为 45 J/cm²，低温冲击值可达 35 J/cm² 以上[6]。

表 1.1　49MnVS3 钢的化学成分[5]

成分	C	Si	Mn	S	Cr	V
质量分数	0.42%~ 0.47%	0.15%~ 0.35%	0.90%~ 1.00%	0.05%~ 0.065%	0.10%~ 0.20%	0.10%~ 0.14%

1.1.2　贝氏体型非调质钢

在锻造状态使用的中碳含钒非调质钢的强度已经达到 900 MPa，切削加工性能优良，但由于依靠大量珠光体和 V(C，N)析出强化导致了低的缺口韧性。强度和韧性的限制阻碍了这种钢代替传统的热处理钢，特别是对于一些关键的安全部件。在工业中，许多场合需要构件的强度更高，从而减轻构件重量，而对于含钒钢，抗拉强度超过 900 MPa 是困难的。因此，开发了高强高韧的贝氏体型非调质钢[7]。这类钢的含碳量较低，Mn，Cr，Mo，Ni 含量较高，有的还加入一定量的 Cu，B，从而得到了低碳贝氏体型非调质钢[8-12]。例如，日本开发了一种 HSLA 钢（0.12% C - 2% Mn - 1.0% Cr - 0.25% Mo - 0.12% Nb - 0.021% Ti - 0.0018% B），锻造态的显微组织为马氏体/贝氏体，抗拉强度超过 1000 MPa，韧性高于或相当于中碳调质钢[9]。非调质钢在我国也得到了广泛应用。吴晓春[13-14]研究了控轧控冷工艺对组织性能的影响，指出轧制温度和变形量对钢的强度和硬度影响较小，但对韧性影响显著。高的变形量和低的轧制温度有利于提高钢的韧性。为代替传统的调质型塑料模具钢，华中科技大学研制了一种成本低，不经调质处理，锻、轧后空冷即可获得贝氏体、具有较好的强韧性的易切削非调质塑料模具钢（FT 钢），成分为 0.15%~0.30%C-2.0%Mn-1.0%Cr-0.15%V-0.04%Ti-0.08%S-0.008%Ca-0.08%RE-0.30%Si。控制形变热处理工艺对改善贝氏体非调质钢的性能非常重要。

为了适应开发北极和近海能源的需要，需要开发超低碳贝氏体钢（UL-CB），从而满足高强度、高韧性和优良的焊接性能的要求。粗大的渗碳体在贝氏体板条间析出时，使钢的韧性大大降低。通过超低碳化，可使贝氏体板条间的碳化物减少或者完全消除。基于以上概念，开发了超低碳贝氏体钢。采用合适的微合金化来保证在连续冷却时获得贝氏体组织[15-18]。采用未再结晶区控制轧制、加速冷却工艺以细化贝氏体。这种钢具有优异的韧性、强度、焊接等综合性能，已经用在北极和海洋环境的输油管线上。目前，超低碳贝氏体钢主要通过复合添加 Nb，B，Ti，从而抑制多边形铁素体相变，保证较高的贝氏体淬透性。20 世纪 80 年代的 ULCB 钢主要用于生产中厚板，20 世纪 90 年代初法国在热带钢轧制生产线上生产出 2.5~8mm 超低碳贝氏体热轧带钢[19]，其成分为 0.04%C-1.8%Mn-0.25%Si-0.03%Al-0.06%Nb-0.03%Ti-0.002%B-0.02%P-0.008%S；屈服强度大于 690 MPa，抗拉强度大于 750 MPa，V 型缺口-40 ℃冲击韧性大于 3.5 J/cm^2。低的终轧温度和卷取温度促使极细的贝氏体组织形成，因此，有利于提高强度，而极低的碳含量保证了优良的焊接性能和韧性。

以汽车工业为中心已获得广泛应用的抗拉强度约800 MPa的热锻用铁素体-珠光体型非调质钢的强度-韧性匹配优良，而且切削加工性和疲劳特性等均与调质钢相当。近年厂家对抗拉强度大于800 MPa的高强度并具有高韧性的热轧（锻）用非调质钢的需求日益增加。因为采用高强高韧性非调质钢，不仅节省了调质处理成本，还由于机械结构件的小型化、轻量化和高效率化而带来可观的经济效益，而抗拉强度为800 MPa以上的铁素体-珠光体型非调质钢已不能满足实际生产的需要。由此，产生了贝氏体型非调质钢[20]。

低碳贝氏体组织符合高韧性的要求，但为了获得高强度还必须加入一定量的碳，以形成碳化物。按照成分不同，贝氏体非调质钢又可分为低碳含钒型和微碳含硼型两种。表1.2[2]为几个典型贝氏体非调质钢种的化学成分，表1.3[2]是各成分钢种对应的力学性能。其中，A钢含有适量的Mn，Cr，V和B，确保了高强度；B钢是以热锻后直接淬火（不需要回火）为前提，故减少了Mn和Cr的含量；C钢是含有一般碳量（0.25%）的贝氏体非调质钢，合金元素含量少且具有一定的韧性；D钢是供比较用的铁素体-珠光体非调质钢。可见，贝氏体非调质钢相对于铁素体-珠光体非调质钢无论是在强度还是韧性方面都有了很大的改善。

表1.2　几种典型贝氏体非调质钢种的化学成分[2]

	C	Si	Mn	P	S	Cr	V	Ti	B
A	0.049%	0.32%	2.95%	0.016%	0.017%	2.03%	0.05%	0.015%	0.0013%
B	0.048%	0.32%	2.46%	0.015%	0.017%	1.51%	0.05%	0.015%	0.0014%
C	0.25%	0.85%	1.97%	0.014%	0.047%	0.32%	0.13%	0.020%	—
D	0.43%	0.89%	1.69%	0.019%	0.045%	—	0.10%	0.009%	—

表 1.3   几个典型贝氏体型非调质钢种的力学性能[2]

	σ_s/MPa	σ_b/MPa	δ	Ψ	$_vE_{20}$/(J·cm^{-2})
A	704	999	18.0%	55.3%	135
B	809	1006	19.1%	65.3%	187
C	—	1010	—	—	93
D	699	984	16.9%	39.3%	27

1.1.3   马氏体型非调质钢

近年来，以美国为先导推出了马氏体型非调质钢，它可从锻造温度直接淬火，获得带均匀回火碳化物的板条马氏体，它在-30℃时的韧性为贝氏体非调质钢的 5~6 倍，-60℃的夏比 V 型缺口冲击值仍大于 20 J，强度是其 2 倍。

日本神户制钢公司通过将碳质量分数降至 0.15% 以下[7]，并调整合金元素含量，经热锻后快冷获得了显微组织以马氏体为主的、抗拉强度大于 1100 MPa、屈服强度大于 800 MPa 的高强高韧性非调质钢，其典型成分为 C 0.08%，Si 0.25%，Mn 2%，Cr 2%，Mo 0.25%，Nb 0.04% 和微量的 B。日产汽车公司新开发的 C 0.04%~0.05%，Si 0.25%，Mn 1.6%，Cr 1.0%，Pb 0.07%，B 0.002% 马氏体型非调质钢，是从强度、硬度和韧性多方面综合考虑而选择了 0.04%~0.05% 的最佳碳质量分数，从促进马氏体转变提高淬透性考虑增加了 Mn 和 Cr，并考虑到切削性而将 Mn 质量分数定为 1.6%，加微量 B 更加有效地提高了淬透性，加 B 并降低碳含量还有减小焊接裂纹敏感性的效果。此钢经控轧控冷后所形成的显微组织主要是马氏体和少量贝氏体, 抗拉强度高达 980 MPa, 冲击韧性达 98 J/cm² 以上, 与调质合金结构钢(如日本的 SCM440H)相当, 已用于制造汽车前轮轴等。

马氏体型非调质钢的特点是热锻后不需要淬火回火处理, 降低了成本; 在强度级别相同的钢种中, 该钢的韧性最好; 屈服强度和疲劳强度高, 故可减少制件用材; 切削性优于硬度相同的调质钢。这种高强度高韧性的非调质钢特别适用于制造汽车的行走部件, 将会有广阔的应用前景。

1.2　钢铁材料的组织控制

金属材料的特性值(特别是力学性能)因组织状态的不同有很大变化, 所以说, 不同用途的材料应具有不同的组织。在开发具有新特性值的材料时, 选择合适的合金组成及进行最恰当的组织控制非常重要。从强韧性的观点来看, 晶粒细化和第二相均匀细小分散很重要。金属材料的组织控制方法可参考表 1.4。

表 1.4　金属材料的组织控制方法

1. 组织的大小和形状——晶粒细化和粗化(单晶化)

晶粒等轴化和同向化

第二相(析出相)细小析出

2. 第二相的数量和分布——均匀细小分散化

3. 晶粒取向和晶界特性——晶粒取向的单一化(复合组织)和随意化——易变控制晶界特性、结构控制组织控制是以相变（含凝固）、析出和再结晶为基础，形变热处理是把它们有机地结合起来的、组织控制最有效的手段。近年来，像控制轧制与控制冷却（thermo-mechanical control process，TMCP）和直接淬火这样的热变形加工工艺被确认为形变热处理技术。热加工的重要性被重新认识，加深了对很多研究结果和钢铁材料组织控制原理的理解。并且，确立了两相区热轧和含 Si 钢奥氏体处理等新型的热处理方法，进而能够进行更为精确的组织控制[4]。

1.2.1 形变热处理工艺的发展趋势

形变热处理方法按照变形时间和相变种类进行分类，如表 1.5 所列[5]。其中，控制轧制、奥氏体形变热处理和 TRIP（transformation induced plasticity，马氏体相变诱发塑性）极为重要。奥氏体形变热处理方法在上世纪七、八十年代非常引人注目，利用它能够得到强度在 2 GPa 以上的高强钢，但是，为了得到高的淬透性，需要加入较多合金元素，因而，存在低温奥氏体变形时变形抗力大等缺陷，很难进一步发展。作为替代，近年来，出现以控制轧制（包含控制冷却）为代表的形变热处理工艺，在冶金界取得很大的成功。

另外，与热变形工艺相关的直接淬火法近年来引起人们的重视[6]。此方法是热变形后在线直接进行淬火，所以不必像原来的调质钢那样为了淬火而重新加热。奥氏体形变热处理作为形变热处理的方法之一，利用加工硬化 γ 淬火处理后能够得到优良强韧性的原理，以前因上述各种限制没被应用。但是，根据控制轧制原理可知，添加 Nb 等微量元素钢在 950 ℃ 以下进行加工时，可以得到加工硬化状态的奥氏体，所以目前控制轧制和直接淬火相组合的奥氏体形变热处理进入到实用阶段。奥氏体形变热处理再次得到重视。

表 1.5　钢的形变热处理方法分类

变形时期	相变			
	扩散相变(铁素体,珠光体)		无扩散相变(马氏体)	
	分类	名称	分类	名称
相变前变形	奥氏体稳定区变形	控制轧制	奥氏体稳定区变形	锻造淬火直接淬火
	奥氏体亚稳定区变形		奥氏体亚稳定区变形	奥氏体形变热处理
相变过程中变形	珠光体相变过程中变形	等温形变热处理	马氏体相变过程中变形	零下温度塑性加工相变诱发塑性(TRIP)
相变后变形(和时效)	珠光体变形	铅浴淬火拉丝	马氏体变形	温加工冷加工-回火时效回火马氏体变形(应变回火)

　　TRIP 现象就是在奥氏体亚稳定区变形过程中,如果有适当的马氏体相变,会提高延伸性和韧性。20 世纪 80 年代左右,利用 TRIP 现象开发出 TRIP 钢(抗拉强度约 2 GPa,延伸率约 25%),但此钢种含有较多的合金元素,并且必须同奥氏体形变热处理组合应用,热处理工艺复杂,所以没有得到进一步发展。进入 21 世纪,在开发与 TRIP 钢合金元素含量相当的钢种(高

Si 钢)时，得出获得较多残余奥氏体的热处理方法(等温淬火处理)，进而利用残余奥氏体和 TRIP 现象，开发出强度、塑韧性综合性能良好的金属材料。

1.2.2 奥氏体—铁素体相变的形变热处理

1.2.2.1 铁素体细化方法

通过相变能够细化晶粒(再结晶的情况下也是如此)，其关键是形成尽可能多的晶核。增加形核区密度、加大形核驱动力，都能增加形核的速度。

在低碳钢 γ—α 相变时，细化 α 晶粒的方法如图 1.1 所示，即四种方法：①加大冷却速度；②细化基体组织；③由加工硬化状态 γ 进行相变；④在 γ 晶粒内分布适当的析出物和非金属夹杂物。②、③、④是增加 α 形核区的方法，①(加大冷却速度)是通过加大过冷度而增加相变时的驱动力。在这些方法中，③(γ 加工硬化法)是最有效的细化 α 晶粒的方法。

从金属学的角度看，具有代表性的形变热处理方法——控制轧制与控制冷却工艺(TMCP)，由如图 1.2 所示的 3 个阶段(再结晶 γ 区轧制、未再结晶 γ 区轧制、两相区轧制和控制冷却)构成。在上述 α 晶粒细化方法中，再结晶 γ 区域轧制属于②，未再结晶 γ 区域轧制属于③，控制冷却阶段属于①。在热加工工艺中，可以巧妙地综合利用各种细化晶粒的方法。在热加工后，为了把 γ 维持在未再结晶(加工硬化)的状态，必须添加微量的 Nb 或 Ti。

另外，图 1.1 中方法④常被用来改善焊接影响部位的韧性和提高机械结构用热锻造非调质钢的韧性[7]，是今后重要的细化方法。另外，液态铸轧薄板工艺作为现在厚坯连铸-连轧工艺的替代工艺，正引起广泛的关注。

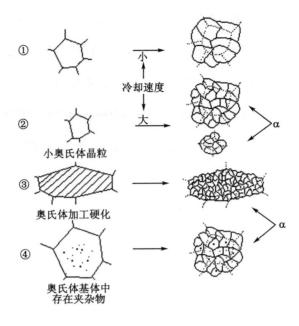

图 1.1 通过 γ—α 相变细化 α 晶粒的方法

这样的薄坯铸轧工艺不能采用大的压力，所以不能使用②和③那样的、现在形变热处理中最基本也是最重要的方法。

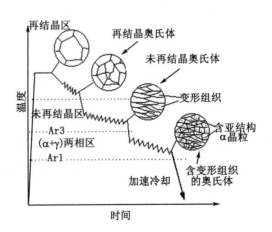

图 1.2 控制轧制与控制冷却的 3 个阶段和各阶段的结晶组织

1.2.2.2　奥氏体基体细化方法

如上所述，相变前 γ 基体细化对细化 α 晶粒十分重要。另外，如同后文所述，相变前 γ 基体晶粒细化会提高马氏体(M)组织淬透性钢的韧性。γ 的细化方法如图 1.3 所示。途径 Ⅰ 为 γ 形变(热加工)—再结晶，途径 Ⅱ 为 γ—α(或 M)—γ 反复相变。为抑制 γ 化时晶粒长大加入的微量 Ti, Nb, Al 等，以碳化物和氮化物形式，起到钉扎作用。Ⅰ 和 Ⅱ 相比，虽同样利用相变，但后者的细化效果要好些。

方法 Ⅰ (再结晶细化方法)，在相变状态等条件相同的前提下，增大再结晶形核区密度和形核驱动力十分重要。再结晶优先形核区多为变形不均匀区域，具体地说，就是晶界、晶粒内部形变带、夹杂物等第二相附近。所以说，初期晶粒直径越小，变形程度越大，再结晶晶粒就越小。特别是变形程度增大时，形核区密度和驱动力都增加，这也是细化的重要原因。但是，热变形再结晶细化程度比冷变形要小，可以得到 20 μm 左右的 γ 晶粒。

方法 Ⅱ[利用 α(M)—γ 相变方法]对 γ 细化很有效，这时相变前的组织越细，γ 晶粒也越细。在 A_{c3} 以上温度和室温之间反复急速加热—冷却，可得 2~3 μm 的 γ 晶粒，但若非急热、急冷，则得不到如此明显的效果，晶粒大约可达 10 μm。γ 在相变前进行变形，则 γ 晶粒更加细化。如低、中碳钢中的(回火)M 经 80% 冷变形后 γ 化，可得 0.9 μm 的 γ 晶粒；亚稳定状态的 γ 系不锈钢室温下强制变形约 100%，通过变形诱起 M 组织后加热，可得到 0.2~0.5 μm 的超细 γ 晶粒。

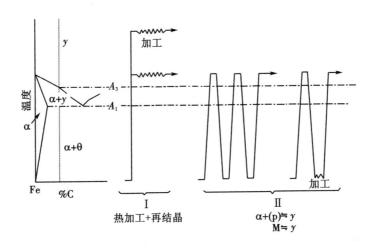

图1.3　γ晶粒细化法

1.2.3　奥氏体—马氏体相变的形变热处理

1.2.3.1　板条状马氏体(板条状 M)组织的细化

大多热处理用钢表现出来的板条状 M 都非常细小(宽约 0.2 μm),但每个板条 M 不具有 α 那样单一晶粒的作用。这是由于板条 M 有在相邻的、相同结晶方位晶粒间生成的倾向,这些板条结合处的晶界是小角度晶界。这样由特定配列组成的板条区被称为群或簇,这些都是支配强韧性的基本组织单位(与 α 组织中的晶粒对应)[8-9]。所说的板条 M 组织细化就是在簇(或者说群)区域内的细化。

细化板条 M 簇的过程如图1.4所示,即①尽量细化 γ 基体;②在临界冷却速度以上区域,采用尽量大的冷却速度;③在 M 相变前,用贝氏体分割 γ 晶粒这三种方法。其中,①对 γ 晶粒细化作用最为有效。还有,M 条的大小几乎不受方法①~③的影响。

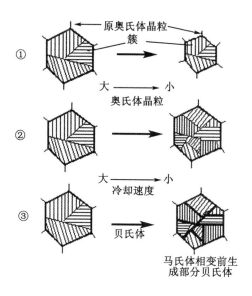

图 1.4　板条 M 簇组织细化法

1.2.3.2　奥氏体形变热处理

在以 M 为对象的形变热处理中，最具代表性的是奥氏体形变热处理。其中，由加工硬化状态 γ 进行 M 相变的处理方法，可使 M 强度大幅度提高，而对延伸和韧性几乎没有影响。强化的主要原因是基体 γ 中的位错被 M 继承了，所以，γ 加工温度越低，M 强度上升越大。通过奥氏体形变热处理不仅提高了 M 强度，而且延伸和韧性几乎没有降低，其特征见图 1.5。这是 M_s 点在室温以下的 Fe-Ni-C 合金 200 ℃加工（奥氏体形变热处理）后的试验料（γ 试料）与将此合金在液氮中冷却的试料进行比较的结果。γ 随变形程度的增加而硬化，但延伸率急剧下降。在变形程度为 60% 的奥氏体形变热处理材料中，M 组织比 γ 组织的强度和韧性都高。总之，仅加大 γ 区的变形程度会导致延伸率下降，但在变形的 γ 区进行 M 相变后，延伸率反而不降低。这是因为 γ 中产生应力集中的部分在使应力得到缓和的方位上优先形成马氏体，可以阻止裂纹的产生和扩展。塑性变形过程中在 γ 中产生的裂纹通过 M 相变能够愈合，这也是奥氏体形变热处理非常有趣的一点。

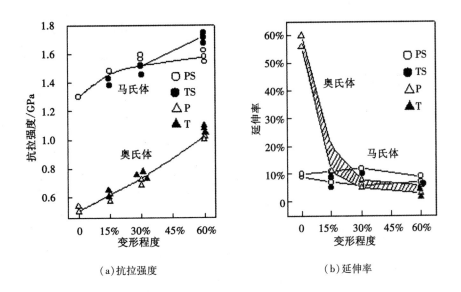

（a）抗拉强度　　　　（b）延伸率

图 1.5　Fe-25Ni-0.4C 合金(M_s=-37 ℃)奥氏体形变热处理 γ 和 M 力学性能的变化

(1100 ℃加热, 200 ℃轧制形变热处理, 拉伸试验温度 80 ℃; ○、△为试验样

的拉伸方向和轧制方向平行(P); ●、▲为与轧制方向成直角的情况)

由加工硬化 γ 产生板条 M，各板条间大小几乎不发生变化，但在平行排列的条状簇中，方位不同(珠光体方位不同)的板条具有任意方向的生长趋势，结果使板条更细[10]。簇区域的细化是引起奥氏体形变热处理 M 强度明显提高，而又维持良好韧性的主要原因。

奥氏体形变热处理是开发超强钢的有效手段。但是，历来普遍认为低温 γ 区变形温度在 500 ℃ 左右，而奥氏体形变热处理本质上是从加工硬化状态 γ 进行 M 相变。对添加微量 Nb，Ti 的钢来说，在 950 ℃ 左右就可以得到加工硬化状态 γ。在直接淬火方法被广泛应用的今天，应该讨论高温的奥氏体形变热处理（改良奥氏体形变热处理）的价值。所以，奥氏体形变热处理在贝氏体相变中的应用也成为讨论的主题。

目前，出现了一种被称为 18%Ni 马氏体时效处理钢未再结晶焊接处理新工艺，这是与奥氏体形变热处理相同的板条 M 簇细化方法。马氏体时效钢奥氏体化时，M 向奥氏体相变导致奥氏体中含有大量的位错，再加上高温的作用，奥氏体发生再结晶。从未再结晶状态的 γ 生成板条 M 与奥氏体形变热处理一样使簇细化，与通常的再结晶化材料相比，强度和韧性得到改善。但这已经不是单纯意义上的热处理，而是与变形效果相同的、有意义的热处理。

1.3 控轧控冷工艺的发展

控轧控冷是提高钢材综合机械性能的有效途径。它可在适当调整钢的化学成分的基础上，通过控制加热温度、变形制度和轧（锻）后冷却速度达到细化组织、提高钢材强度与韧性的目的。工业上应用专用设备对上述参量加以控制，旨在阻止奥氏体晶粒长大和延缓或抑制形变奥氏体再结晶，可确保制件强韧性的稳定提高，使其达到产品技术性能指标要求。正如 M.

科恩[20]所指出的，控轧控冷将金属材料的组织、性能、加工工艺综合在一起成为一个紧密联系的整体。

控轧控冷与一般的热轧(锻)工艺相比，优点如下：① 通过细化晶粒，使钢材的强度和低温韧性有较大幅度的改善。以普通钢种为例，按照常规轧制工艺，晶粒度最细为 7~8 级，晶粒直径为 20 μm，而采用控轧控冷工艺，其晶粒度可达 12 级，直径为 5 μm，从而大大改善了钢的强韧性[21]；② 控轧控冷工艺为防止原始奥氏体晶粒长大而降低了钢坯的加热温度，并通过控制冷却取消了轧后的调质处理，这样，既可节省能源又简化了生产工艺；③ 可以充分发挥微量合金元素 V，Nb 和 Ti 的作用，如 49MnVS3 钢，在常规轧制中，其中的 V 主要是提高钢材的强度，而在控轧控冷工艺中，它不仅起到沉淀强化的作用，而且可细化晶粒，使轧后钢材的韧性也得到改善。微量 Nb 和 V 或 Nb 和 Ti 的同时加入，通过控轧控冷，可同时发挥细化晶粒和沉淀硬化的作用，使钢材的综合力学性能得到显著提高。

在冶金行业用经控轧控冷的高强度低合金钢代替传统的正火钢或调质钢获得了成功的应用。在机械制造行业的金属材料或机械零件制造过程中，将压力加工(如锻造)与控制冷却工艺有效地结合起来，可同时发挥形变强化和热处理强化的作用[22-23]。另外，通过控制锻件的显微组织，省去后续的热处理，将具有显著的经济效益。

1.3.1 控制轧制

控制轧制作为形变热处理工艺的典型实例，获得了人们广泛的关注[24-28]。经典的控制轧制分为奥氏体再结晶控制轧制(又称为Ⅰ型控轧)、奥氏体未再结晶区控制轧制(又称为Ⅱ型控轧)和(γ+α)两相区控制轧制(又称为Ⅲ型控轧)。实际的控制轧制一般采用上述几种方式的组合,可将其分为三个阶段:第一阶段是在奥氏体再结晶区变形,经再加热的粗大奥氏体晶粒在轧制过程中反复再结晶得到细化,但最终经相变得到的铁素体仍较粗大;第二阶段是在奥氏体未再结晶区变形,奥氏体经变形后变得"扁平",在未再结晶奥氏体晶粒中形成变形带,转变的铁素体在变形带和奥氏体晶界形核从而使晶粒细化;第三阶段是在γ+α两相区变形,延续第二阶段的同时产生经变形的铁素体,形成亚结构,获得亚晶强化效果。

奥氏体未再结晶区控制轧制可通过铁素体晶粒细化和微合金碳氮化物的沉淀强化使高强度低合金钢达到需要的性能。在采用这种工艺生产的钢中需要加入 Nb 以提高奥氏体未再结晶温度,并且需要降低 N 质量分数(小于 40×10^{-6})。虽然通过这种工艺生产的 HSLA 钢可以得到优良的性能,但将轧件冷却到低温再进行轧制,需要较长的等待时间,降低了生产效率;同时,轧机的负荷加大。而采用再结晶区控制轧制工艺可以克服以上缺点。在再结晶区轧制时,人们企图保持在适当低的温度(900~1000 ℃)终轧以产生细小静态再结晶奥氏体组织,因而,采用以下措施:① 在再结晶区的较低温度大压下量终轧;② 限制在终轧温度和 A_{r3} 之间连续冷却时的晶粒长大,如利用 TiN 钉扎晶界和终轧后立即强制冷却对细化再结晶奥氏体晶粒都是有效的[29]。

为了在改善钢材力学性能的同时提高生产效率,已开发出 Nb-Ti 钢再结晶区控制轧制工艺,再结晶区终轧温度为 980 ℃[30]。研究结果表明,在 0.1%C-1.3%Mn 钢中复合添加 Nb-Ti 进行微合金化时,微合金碳氮化物可有效地阻止加热时奥氏体晶粒的粗化和再结晶区轧制后的奥氏体晶粒长大。采用再结晶控轧工艺(RCR)与采用传统的控轧控冷工艺方法(TMCR)生产的钢板力学性能相当,如表 1.6[30] 所列。

表 1.6 传统 TMCR 钢板和再结晶区控轧钢板的性能对比[30]

工艺	化学成分	终轧温度 /℃	σ_s /MPa	σ_b /MPa	韧脆转变 温度/℃
RCR	0.07%C-1.3%Mn-0.015%Ti- 0.025%Nb	1030	400	510	-50
TMCR	0.1%C-1.45%Mn-0.015%Ti	780	390	510	-60

为满足再结晶控制轧制的需要,设计了系列 Ti-V-N 钢,分别用于厚钢板[31]和无缝钢管[32],并在实验室和工业生产中获得了满意的性能。研究结果表明:① 钢中加入 V 未影响 TiN 抑制奥氏体晶粒粗化的作用;② 弥散TiN 消除了加热、轧制道次间、冷却等过程中奥氏体晶粒长大,使得终轧温度高于 1000 ℃时,仍可获得相当细小的铁素体晶粒;③ 随着轧制变形量、冷却速度的增加和终轧温度降低,铁素体晶粒细化、屈服强度提高。

1.3.2 控制冷却

轧后控制冷却是控制轧制的进一步发展、完善的形式。采用轧后控制冷却,在不牺牲钢材韧性的情况下,可使强度进一步提高。控制冷却过程是通过控制轧后三个不同冷却阶段的工艺参数,来得到不同的相变组织。这三个阶段称为一次冷却、二次冷却和三次冷却。一次冷却是指终轧温度

到 A_{r3} 温度范围内的冷却，其目的是控制热变形后的奥氏体晶粒状态，阻止奥氏体晶粒长大和碳化物析出，固定由于变形引起的位错，增大过冷度，降低相变温度，为 $\gamma-\alpha$ 相变做准备，一次冷却的开冷温度越接近终轧温度，细化奥氏体晶粒和增大有效晶界面积的效果越明显。二次冷却是指钢材经一次冷却后进入由奥氏体向铁素体相变和碳化物析出的相变阶段，控制相变开始冷却温度、冷却速度和终止温度等，通过控制这些参数，达到控制相变产物的目的。三次冷却或空冷是指对相变结束到室温这一温度区间的冷却速度的控制。从 20 世纪 80 年代初开始，世界各发达国家在热轧钢生产线上陆续采用了轧后加速冷却这一先进技术[33-35]。

在工业生产中，控制轧制与加速冷却相结合具有如下优点[29]。

① 使含有少量合金元素和低碳当量钢的强度和韧性得到改善；

② 对一定的奥氏体晶粒尺寸，由于降低 A_{r3} 温度，使多边形铁素体细化；

③ 加入微合金元素增加了沉淀强化，较低的铁素体转变温度范围导致产生较细的粒子；

④ 促使强韧的低碳贝氏体形成；

⑤ 降低钢的含碳量，在不降低强度的情况下，改善焊接性、成形性和韧性；

⑥ 消除了带状珠光体；

⑦ 轧制道次间和机架间的冷却工序使得钢板控制轧制时的加工时间缩短，或在高速轧机上降低终轧温度，使棒材经过热机械处理而改善性能。

以中碳低合金钢或微合金化的高强钢为例，控制锻造工艺可获得理想的奥氏体显微组织，随后直接控制冷却，得到铁素体/珠光体显微组织，从而代替淬火回火合金钢，省去了热处理工序，大大降低了成本[36-41]。但这类钢与调质钢相比，冲击韧性较低，疲劳强度较高。通过调节化学成分，降低锻造温度，铁素体-珠光体会被细化，强度和韧性可以得到改善[36, 41]。

综上所述，控轧控冷是一种节省能源、能充分发挥材料潜力、提高钢材力学性能的高效益工艺过程，它在钢铁材料生产中的应用范围不断扩大。

1.3.3 控轧控冷对奥氏体相变组织的影响

控制显微组织是控轧控冷获得良好综合性能的唯一途径。钢材在加工过程中，奥氏体要经变形及随后的连续冷却。因此，研究奥氏体经不同变形和冷却工艺的相变规律及转变后的显微组织以满足不断提高的性能要求，一直是控轧控冷研究领域的一个重要内容。

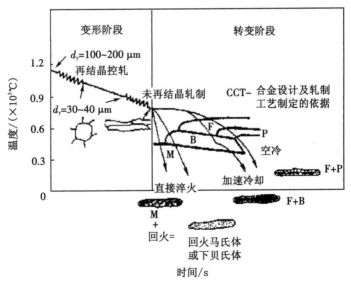

图 1.6 HSLA 钢控制轧制、在线控制冷却[44]

图 1.6[42]给出了控轧控冷工艺过程中奥氏体变形、相变组织演化过程。制订获得理想的最终显微组织的连续冷却工艺要根据相变阶段的动态 CCT 图，而变形阶段的工艺条件对动态 CCT 图有很大的影响。

控制轧制时，奥氏体轧制温度低到足够的程度，以至于变形过程中发生应变诱导碳氮化物析出，从而抑制奥氏体再结晶[44]。在低温轧制时产生"扁平"的奥氏体晶粒，未再结晶奥氏体的积累应变通过增加可能的形核点影响铁素体相变[45-46]。在奥氏体未经变形的场合下，铁素体在晶粒角隅、台阶和晶界表面优先形核。而对于变形奥氏体，"扁平"晶粒的晶界面积增加，同时在其晶粒内部存在附加形核点，如位错、变形带、孪晶带和胞状结构等。因此，在奥氏体未再结晶区变形导致 γ—α 相变温度升高和相变速率增加、钢的淬硬性下降，转变后的室温组织细化，从而得到细晶强化，提高屈服强度、改善韧性、降低脆性转变温度。相变组织中沉淀的碳氮化物产生的沉淀强化进一步提高了钢的强度。终轧后的快速冷却导致贝氏体组织的形成，亚晶界和高的位错密度进一步提高了钢的强度，即相变强化。另外，铁素体晶粒尺寸还取决于冷却速度和初始奥氏体晶粒尺寸[47]。细化转变前的奥氏体晶粒和增加冷却速度均有利于细化铁素体晶粒。

Priestner 和 Hodgson[48]关于 C-Mn-Nb 钢的研究结果表明，在连续冷却相变初期，奥氏体晶界位置饱和，铁素体晶粒撞击，然后合并/粗化。Bengochea 等[49]关于 C-Mn-Nb 钢变形奥氏体—铁素体相变组织演化规律的研究结果表明，积累变形产生的储存能在 790 ℃时占相变总自由能的 80%，在 770 ℃时占 50%，相变温度低于 700 ℃时变形储存能的影响减弱到可被忽略的程度。在相变初期，铁素体优先形核点在奥氏体晶界，随着连续冷却温度降低，铁素体在晶粒内形核，体积增大，此时伴随铁素体晶粒粗化。铁素体晶粒的最终尺寸不但取决于形核和长大速率，而且受铁素体晶粒粗化的影响。最终形成的显微组织不均匀、含有粗大的铁素体晶粒时，对钢的力学性能（特别是韧性）是有害的，尽管平均晶粒尺寸可能很小。Priestner 和 Hodgson[48]指出，诱发相变发生在较短时间，在相变过程中快速降低温度，均可使铁素体晶粒粗化减慢。

Cuddy[50-51]系统研究了钢的化学成分、轧制工艺参数对加热、高温变形（粗轧）、低温变形（精轧）过程中奥氏体显微组织变化的影响。再结晶奥氏体的晶粒尺寸随变形温度的降低和应变速率的升高而减小，在奥氏体部分再结晶区变形产生混合（再结晶/未再结晶）奥氏体组织，在以后的轧制中难以消除，因此，应尽量避免在该温度区间轧制。

在多道次变形时，变形初始阶段细小的奥氏体晶粒并不是必需的，粗大的奥氏体晶粒通过高温变形很容易被细化。对于 Nb 微合金钢，通过静态再结晶细化是最有效的，因为 Nb(CN)钉扎奥氏体晶界，从而阻止再结晶奥氏体晶粒长大。细小的奥氏体晶粒相变后，形成的铁素体+珠光体组织不但细小，而且铁素体体积增大。大变形未再结晶奥氏体的转变组织与细晶粒再结晶奥氏体转变组织特征相同[52]。SAE 1141 钢经高温变形、再结晶细化的奥氏体晶粒或经低温变形的未再结晶奥氏体的 CCT 曲线与未变形奥氏的 CCT 曲线相比，变形奥氏体—铁素体相变在短时间内、较高温度下形成。由细的再结晶奥氏体和未再结晶奥氏体转变的铁素体/珠光体组织，比由粗大奥氏体晶粒转变的组织更加细密。

奥氏体状态对相变组织和最终性能有很大的影响。魏氏组织的体积分数随冷却速度和奥氏体晶粒尺寸的增加而增加。其中，奥氏体晶粒尺寸对显微组织的影响更为明显。微合金元素 Nb 使铁素体相变温度降低，诱发魏氏组织相变。细化相变前奥氏体晶粒，有利于消除魏氏组织[53]。屈服强度和冲击韧性随奥氏体晶粒尺寸减小和冷却速度的提高而提高。强度和韧性同时得到改善归功于多边形铁素体和魏氏组织的细化。细化铁素体晶粒和增加魏氏组织分数使屈服强度和抗拉强度均提高。混合组织（PF/WF/P）的韧性取决于铁素体晶粒尺寸，晶粒越细，韧性越高[54]。

在热轧钢生产中，在线加速冷却（OLAC）是最终显微组织的决定因素之一。一般来说，随着开始冷却温度、冷却速度增加，终冷温度降低，相变途径从多边形铁素体向贝氏体转移，显微组织细化，硬度提高[55-57]。

对微合金化热轧钢，析出相的最终分布经过三个演化阶段：加热时预先存在质点的粗化和固溶；奥氏体变形过程中的应变诱导析出；快速冷却结束后铁素体中的析出[54]。关于 Nb-V-Ti 微合金化钢（成分：0.05%C-1.85%Mn-0.38%Si-0.35%Cr-0.05%Nb-0.07%V-0.03%Ti-0.04%Al-0.012%N）碳氮化物析出相的尺寸、数量、形状和化学成分，Kneissl 等[57]进行了系统的研究。铸态时显微组织为 PF+P，析出相具有多种类型：纯 TiN 质点（μm 级），树枝状富 Ti 质点（50~500 nm），富 Nb 的碳氮化物（10~50 nm），富 V 碳化物（nm 级）。试验用钢经 1175 ℃ 奥氏体化，在 1000 ℃ 以 5 ℃/s 变形 75%，连续冷却至少 800 ℃ 后再以 5 ℃/s 变形 75%，随后分别以 15 ℃/s 连续冷却至 600、525、450、300 ℃，以 0.5 ℃/s 冷却至室温。经以上控轧控冷后显微组织为粒状贝氏体。因为奥氏体化时粒子固溶，树枝状析出相消失，析出相除了富 Ti 碳氮化物存在，还分布应变诱导析出的 Nb 的碳氮化物；加速冷却停止温度对富 V 的碳化物具有很大的影响，在较高的温度停止加速冷却导致屈服强度增加，这是由于沉淀强化的影响。Itman 等[58]研究了 Nb-Ti 微合金化钢的析出相形成。1200 ℃加热后，接近一半的微合金元素(0.06Ti 和 0.02Nb)固溶到奥氏体中，经工业热轧过程后，加热时已固溶的微合金元素有一半以(Nb，Ti)(C，N)析出。

1.4　贝氏体相变

对高强度、高韧性或高成形性钢的需求促进了关于微合金化低碳或超低碳钢连续冷却转变组织的研究[59-69]。与传统的热处理工艺不同，这类钢通常经控制轧制与加速冷却，或在焊接构件经瞬时高温加热和快速冷却，在介于多边形铁素体和马氏体相变的中温区经常形成呈非等轴形貌的显微组织，这种组织在很多方面与传统的中碳钢中形成的贝氏体不同。

关于低碳钢贝氏体组织分类的经典工作是日本学者 Ohmori 等于 1971 年做出的，并在以后的工作中得到应用[68]。Ohmori 等指出，低碳钢中的上贝氏体均呈板条形貌，但可把它们分为三种类型：在 600～500 ℃转变为 B_I 型，无碳化物铁素体板条(lath)及板条间残余奥氏体薄膜和/或马氏体；500～450 ℃转变成 B_{II} 型，与上贝氏体类似，渗碳体分布在铁素体板条间；B_{III} 在 M_s 附近转变，渗碳体在板条内析出；当铁素体为板状(plate-like)时，则为下贝氏体。表 1.7 描述了 Ohmori 系统中贝氏体形貌。以上分类是通过研究钢的等温转变产物特征做出的，然而，在实际生产中，主要发生连续冷却相变，如低合金钢奥氏体连续冷却时通常转变成粒状贝氏体[68]，遗憾的是，

Ohmori 等未对这种组织做出描述。

表 1.7　Ohmori 关于低碳合金钢中贝氏体定义

显微组织	区分标准	
	铁素体形态	碳化物分布
铁素体	板条状	针状铁素体 （碳化物是游离的）
上贝氏体	B_I B_{II} B_{III}	板条间
下贝氏体	片状	在铁素体片内部

Amfitt 和 Speer[70] 提出了一种系统的贝氏体分类体系，如图 1.7 所示。在该体系中，贝氏体铁素体为板条状或针状，贝氏体组织的类型取决于其他相的类型和分布情况，在该体系中用右上标表示第二相类型。其中，B_1 型贝氏体的碳化物（或渗碳体）在铁素体板条内分布，经典的下贝氏体表示为 B_1^c；B_2 型贝氏体的第二相为粒状或薄膜状，分布于铁素体板条间，包括渗碳体、奥氏体和马氏体，经典的上贝氏体在该系统中命名为 B_2^c；B_3 型贝氏体的第二相呈岛状，包括残余奥氏体/马氏体岛和退化珠光体。经典的魏氏组织，即针状铁素体+珠光体可表示为 B_3^p。由于 Bramfitt-Speer 系统较全面地描述了贝氏体组织，目前已得到应用[70-73]。

目前，控轧控冷工艺在开发新型贝氏体钢的工业生产中已得到广泛应用。由于相变前奥氏体的初始状态对贝氏体相变行为和显微组织具有很大的影响，因此，研究变形奥氏体向贝氏体转变的具体特征具有重要的实际意义。

钢的相变存在两种机制：扩散相变，如亚共析钢多边形铁素体的形成；

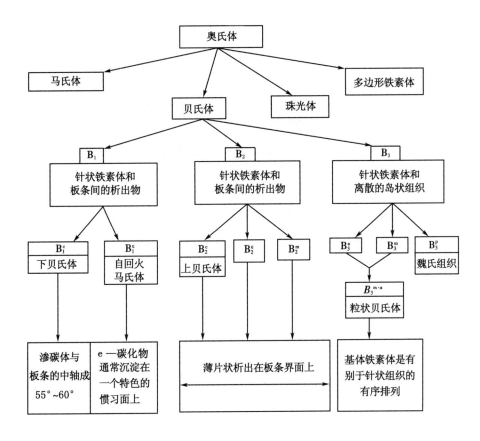

图 1.7 Bramfitt-Speer 关于显微组织的分类[70]

无扩散的切变相变,即马氏体相变。关于贝氏体相变的切变学派和扩散学派一直处于争论之中,其中关于贝氏体铁素体长大机制是争论的主要问题[74-78]。贝氏体相变切变学派主要根据:形貌学上与马氏体类似,为减少阻力,快速推进,一般具备板状,这样可以减小应变能;在预先抛光自由表面的针状浮凸现象与马氏体相似;在母相的晶体学关系上与马氏体相似;在动力学上与等温马氏体近似,在动力学 B_s 以下有类似于变温马氏体在 M_s 点以下的所谓"转变不完全现象";在热力学上,如果在贝氏体预转变期形成富碳和贫碳区，则贝氏体相变的驱动力可以处理为近似于板条马氏体的驱动力。另一方面，Aronson[45]发现，魏氏铁素体相变时也诱发表面浮凸，而其认为魏氏铁素体是通过扩散机制相变的，因此，表面浮凸不能作为贝氏体相变切变机制的证据。Ohmori 等[68]系统论述了贝氏体相变的切变机制，其中指出，一些魏氏铁素体诱发的表面浮凸明显具有不变平面应变特征，其应变量甚至大于马氏体相变时的应变量。因此，这些魏氏组织有可能以切变机制相变。从贝氏体铁素体形貌随相变温度变化的规律来看，其相变机制也与马氏体相变类似。贝氏体相变驱动力随奥氏体贫碳区的碳浓度降低而增加，从而当碳浓度降低到某一程度时，相变驱动力克服了切变能阻力，从而发生相变。热力学分析表明，在发生贝氏体相变的温度范围内，贝氏体完全有可能以切变机制进行相变。Bhadeshia 的研究结果表明[79-85]，对奥氏体施加低于其屈服强度的外加应力加速了贝氏体相变，并有利于某些晶体学取向的贝氏体转变，这进一步支持了贝氏体相变的切变学说。

关于低合金钢变形奥氏体—贝氏体相变研究结果证明，变形奥氏体表现出机械稳定化倾向[86-89]，这与变形奥氏体—马氏体相变时的特征相同[90]，因此为贝氏体相变的切变学说提供了新的证据。在奥氏体未再结晶区变形诱发位错缠结形成，奥氏体得到强化。经变形的奥氏体(未再结晶)在向贝氏体相变时，贝氏体长大被位错缠结阻止，因此，变形奥氏体转变的贝氏体占比小于无变形奥氏体转变的贝氏体占比。由于变形诱发的晶体缺陷成为新相的形核点，因此当奥氏体应变达到某一数值，贝氏体铁素体形核数的增加抵消了变形奥氏体对其长大的抑制作用，此时从变形奥氏体转变的贝氏体占比与从无变形奥氏体转变的贝氏体占比基本相当，而显微组织得到细化。连续冷却相变时，奥氏体预变形量对 M_s，B_s，A_{r3} 分别产生不同影响，其中奥氏体预变形对 M_s，B_s 的影响，实质是两个因素综合作用的结果：第一，变形奥氏体储存能增加，因而相变驱动力加大，有利于新相形核；第二，变形奥氏体强化，阻碍切变机制的相变。以上两种因素与变形量有关。第一个因素占主导时，使 M_s，B_s，A_{r3} 在不同程度上提高。随着变形量逐渐增加，第二个因素逐步成为主导因素，使切变型 M_s，B_s 降低[74]。

对于微合金化的低合金钢，应变诱导碳化物、碳氮化物[91-93]、含硼碳氮化物[94-95]析出，从而影响随后的奥氏体相变。奥氏体变形对微合金化的低碳和超低碳贝氏体钢相变的影响不同于对合金钢的影响[96-103]。Huang等[97]的研究结果表明：① 微合金元素 Nb 和 B 诱发贝氏体相变。② 与未变形情况相比，预先变形明显促进奥氏体在连续冷却时的贝氏体相变，奥氏体变形使贝氏体相变开始温度（B_s）提高，冷却速度越快，变形奥氏体和未变形奥氏体的 B_s 差别越明显。③ 冷却速度较快时，在变形奥氏体晶粒内形成非平行板状铁素体，这是由于大量变形诱发的晶体缺陷在快速冷却时保留在形变奥氏体中，成为相变形核点；而冷却速度较低时（发生回复），晶粒内形核点消失，奥氏体转变成羽毛状相互平行的板状铁素体。④ 变形奥氏体在 800 ℃处于不稳定状态，而未变形奥氏体仍处于稳定状态，这是由于变形诱发 Nb（C，N）析出，使奥氏体基体局部固溶 Nb 的浓度较低，从而促进铁素体形核。奥氏体变形对贝氏体组织具有很大的影响。控制轧制、加速冷却使钢的显微组织与传统热处理工艺获得的显微组织具有很大的区别，从而可改善钢的韧性。贝氏体钢的韧性取决于贝氏体束的尺寸，在奥氏体未再结晶区变形细化贝氏体组织的机理对改善贝氏体钢板的韧性是有效的。Yang 等[98]的工作结果表明，变形奥氏体诱发晶粒内具有不同取向的针状铁素体形成，抑制相互平行的板条型贝氏体的形成。以针状铁素体为主的显微组织比以贝氏体为主的显微组织具有较高的韧性。

1.5　热加工模拟技术及其在控轧控冷工艺中的应用

热变形加工在金属材料的加工过程中具有举足轻重的地位。高性能材料的研制和生产离不开热变形加工的组织性能的优化控制和智能化材料设计。为实现上述目标，热变形加工物理模拟技术起到了至关重要的作用，它融材料学、传热学、力学、机械学、工程检测技术及计算机等领域的知识与技能为一体，成为一项综合性的试验技术，在现代材料科学研究领域占有的重要地位。应用材料和工艺过程的物理模拟技术可揭示材料在固态相变过程中由于热和力学行为的作用而引起的物理冶金现象和本质，并且可建立定量的力学冶金模型。物理模拟技术在提高钢铁产品性能，新品种、新工艺的开发等诸多方面正发挥着越来越重要的作用。一方面，物理模拟技术可以节省进行现场工业试验的大量费用、时间和精力；另一方面，可以对所要求的各种参数进行精确的控制，使工业生产在实验室得到再现，每个工艺参数(如温度、道次压下量、轧制速度、冷却速度等)对产品性能的影响可以借助模拟试验机进行分析研究。国内外冶金研究人员利用热模拟试验技术对热轧过程中的钢的物理冶金现象(如动态、静态回复和再结晶，晶粒长大、加工硬化和软化，沉淀相析出，相变等）进行了大量研究，并开发出了考虑组织结构的流变应力模型、动态和静态再结晶模型、动态和静态析出动力学模型等。这些研究成果在钢控轧控冷工艺的研制开发中得到了成功应用。可以说，近几十年来迅速发展的热变形加工物理模拟设备和技术，为传统和先进材料的研制和生产，优化工艺，提高性能，提供了新的重要的研究手段，起到了特殊的推动作用。

热模拟试验机通过计算机编程设定并控制变形过程中的温度、速度、变形程度、冷却速度等参数，精确地确定变形条件对变形行为及金属组织性能的影响，是一种先进的模拟金属材料热处理和高温热变形行为的动态模拟设备。目前，国际上在材料热变形加工领域应用较广泛的物理模拟试验设备大致有三类[104-106]。

第一类是美国动态系统（DSI）公司开发和生产的 Gleeble 系列热/力模拟试验设备，适于热变形加工、铸造加工、焊接加工，以及断裂极限的测试等。它代表了热模拟设备的最高水平，目前应用范围最广。

第二类是日本富士电波工机株式会社生产的 Thermecmastor-Z 为代表的热加工模拟设备，适合于拉压变形。它的特点是采用激光测定变形程度。同类设备还有德国马普研究院钢铁研究所建立的申克（公司）型热变形模拟器和英国谢菲尔德大学建立的热变形模拟器；此外，美国的 MTS 型及英国 Instron 型也属于这个范畴的试验设备。

第三类是热加工扭转模拟试验机，在法国、加拿大和欧洲一些国家应用较广泛。这类模拟试验机最大优点是可在变形量方面与实际的热连轧中多道次变形相匹配，因而，对实际的热连轧过程的模拟最具有真实性。它最早在法国钢铁研究院(IRSID)开发成功，并在研究微合金钢控轧控冷模拟方面取得了显著的成效。此外，法国尚有 TC-10 型高温扭转试验机。加拿大的 Jonas 教授利用自行研制和开发的热加工扭转模拟试验机，在热变形加工物理和力学冶金领域的研究方面处于国际领先地位，对微合金钢的发展和控轧控冷工艺的理论完善起了重要的作用。

本书是结合国家重点科技攻关项目"合金钢长型材新流程生产工艺技术开发"进行的。SBL 非调质钢是一类新型抽油杆用钢。抽油杆是采油机的重要部件，为了满足采油事业的要求，抽油杆用钢应在具有高强度的同时，具有较高的韧性，而且更重要的是成本低廉。目前，国内外油田用抽油杆大多以 20CrMo，35CrMo 等合金结构钢为原料调质处理，原料成本高，工艺较复杂，能耗高，废品多。SBL 钢属廉价的 Mn-B 系低碳贝氏体型钢非调质，原料成本低，但其在常规轧制状态下强度高而韧性不足，现场必须经低温回火处理才能满足使用要求，使成本提高。为此，采用控轧控冷方法生产 SBL 钢以替代轧后回火工艺，将起到降低生产成本、简化工艺流程和提高强韧性的作用，具有很大的经济效益。通过本书的研究工作，将对开发适于 SBL 非调质钢的控轧控冷生产工艺及低碳贝氏体转变机制的探讨具有重要的理论意义和应用价值。

本书以低碳贝氏体型 SBL 非调质钢为研究对象，以变形奥氏体相变为线索，围绕 SBL 钢控轧控冷工艺的开发，采用物理模拟技术和理论分析、试验室热轧试验和现场轧制相结合的方法分别开展以下研究工作：

① SBL 钢奥氏体动态再结晶及静态再结晶规律；

② SBL 钢微合金碳氮化物的应变诱导析出；

③ SBL 钢奥氏体静态、动态连续冷却转变;

④ SBL 钢不同控轧控冷工艺参数对组织性能的影响;

⑤ SBL 钢最佳控轧控冷工艺制度的制定;

⑥ 控轧控冷工艺的实施及其与轧后回火工艺的比较。

2 热变形奥氏体的再结晶行为

热轧过程中钢的奥氏体动态再结晶及静态再结晶行为是影响变形抗力和奥氏体相变行为的重要因素[107-108]。由于添加的 Nb，Ti，V 等微合金元素在奥氏体中的固溶和沉淀析出，SBL 非调质钢的奥氏体高温变形行为较为复杂。本章采用单道次压缩和双道次压缩试验，研究 SBL 非调质钢热变形奥氏体的再结晶行为，为制定合理的控轧控冷工艺制度提供试验和理论依据。

2.1 试验方案

2.1.1 试验材料

试验采用的 SBL 非调质钢的化学成分见表 2.1，由抚顺特殊钢股份有限公司提供。该钢经电弧炉冶炼，浇铸成坯后经 650 轧机开坯，在小型轧机上轧成 $\Phi30$ mm 的圆棒，再切削成 $\Phi8\times15$ mm 的标准热模拟压缩试样。

表 2.1　SBL 试验用钢的化学成分

元素	C	Mn	Si	S	P	Ni	Cr	W	V	B	Al	Ti	Cu
质量分数	0.10%	1.76%	0.94%	0.003%	0.01%	0.05%	1.01%	0.01%	0.01%	0.003%	0.043%	0.074%	0.09%

2.1.2　试验方法

在 Gleeble1500 热模拟试验机上对 SBL 非调质钢奥氏体在热变形过程中的动态及静态再结晶行为进行研究。

东北大学轧制技术及连轧自动化国家重点试验室拥有 Gleeble1500 热模拟试验机。目前利用该设备开展了钢的物理和力学冶金模拟和控轧控冷工艺等大量的研究工作，并取得了丰富的研究成果[108-120]。

Gleeble1500 热模拟试验机由三个主要部分组成——控制柜、试验单元、液压动力系统。此外，还有其他一些辅助单元。该机在变形速率的控制方面，采用电液伺服阀，通过无级调速来实现变形速率的恒定。例如，在压缩变形中，应变速率为

$$\dot{\varepsilon} = \frac{\mathrm{d}\varepsilon}{\mathrm{d}t} = \frac{\mathrm{dln}(h_i/H)}{\mathrm{d}t} = \frac{1}{h_i}\frac{\mathrm{dln}h_i}{\mathrm{d}t} = \frac{v_i}{h_i} \qquad (2-1)$$

式中，v_i ——顶锻速度，mm/s；

h_i ——变形过程中试样瞬时的高度，mm。

根据试样在变形过程中的瞬时高度变化，由液压伺服阀按照式（2-1）控制顶锻速度，实现变形速率恒定。

试验时，采用低频电流加热试样，利用焊接在试样表面的热电偶测量试样温度，通过温度反馈调节系统，可使试样温度精确地达到预设温度，误

差不超过±2 ℃。试验腔内的真空度可达到 200 Pa，以防止试样在高温下氧化，保证了试验数据的准确性。该机的全部热学和力学参数、力学系统、热学系统及其他附属装置的运行均通过微型计算机进行控制。

运行时，计算机根据输入的要求，控制热模拟机的变形工艺和热处理工艺，并将试验中的压力、位移、时间、应力和温度等信号瞬时采集储存。试验结束后，可以根据需要以曲线的形式在绘图仪上绘制出来，供分析研究之用。

具体试验工艺参见图 2.1 和图 2.2。

图 2.1 为采用单道次压缩试验研究 SBL 非调质钢热变形奥氏体动态再结晶行为的工艺示意图，考虑加热过程中微合金元素充分固溶及初始奥氏体的充分均匀化，选择加热温度为 1200 ℃，保温 2 min，选择变形温度为 700~1100 ℃，变形速率为 0.05，1.0，5 s^{-1}。测定变形时试验用钢的真应力－真应变曲线。

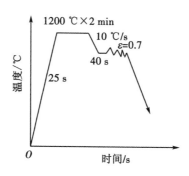

图 2.1 单道次压缩试验工艺示意图

图 2.2 为采用双道次压缩试验研究 SBL 非调质钢热变形奥氏体静态再结晶行为的工艺示意图，同样选择加热温度为 1200 ℃，保温 2 min，选择变

形温度为800~1050 ℃，道次变形量为 0. 2 或 0. 3，变形速率为 0. 5 s^{-1}，道次间隔时间定为 1 ~ 1000 s，测定双道次变形时的真应力–真应变曲线。

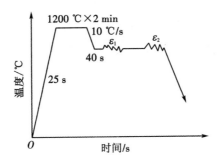

图 2. 2　双道次压缩试验工艺示意图

2. 2　SBL 非调质钢奥氏体的动态再结晶

2. 2. 1　SBL 钢的真应力–真应变曲线

SBL 非调质钢在不同变形温度和变形速率下的真应力–真应变曲线如图 2. 3 所示。从图 2. 3 中可见，试验用钢存在两种形式的真应力–真应变曲线，一种是动态再结晶型，另一种是动态回复型。在试验给定的应变和应变速率范围内，动态再结晶发生于较高的变形温度和较低的应变速率下，并且随变形温度的降低和应变速率的增加，发生再结晶的临界应变值增加。当变形温度足够低、变形速率足够大，奥氏体将只发生加工硬化和动态回复过程，而无再结晶发生。根据真应力–真应变曲线，SBL 钢的奥氏体变形过程可分为三个阶段。

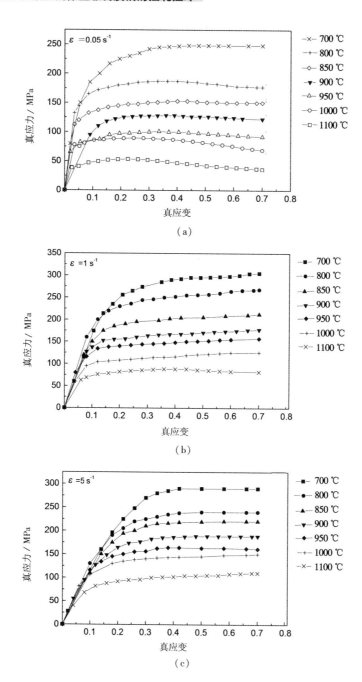

图 2.3　SBL 钢高温变形的真应力-真应变曲线

第一阶段：在变形过程中发生加工硬化和软化两个过程。这两个过程的不断交替进行保证变形得到顺利发展。在变形初期，变形速率由零增加到所采用的变形速率 ε，随着变形的进行，位错密度（ρ）将不断增加，产生加工硬化，并且加工硬化速率较快，使变形应力迅速上升。同时，由于变形在高温下进行，位错在变形过程中通过交滑移和攀移的方式运动，使部分位错相互抵消，使材料得到回复。由于这种回复随加工硬化发生，故称其为动态回复。当位错排列并发展到一定程度后，形成清晰的亚晶，被称为动态多边形化。动态回复和动态多边形化使加工硬化的材料发生软化。随着变形量的增加，位错密度增大，位错消失的速度也加快，反映在真应力-真应变曲线上，就是随变形量的增加，加工硬化逐渐减弱。但在第一阶段中，总的趋势是加工硬化超过动态软化，随着变形量的增加，应力还是不断提高，被称为动态回复阶段。在一定条件下，当变形进行到一定程度时，加工硬化和动态软化相平衡，反映在真应力-真应变曲线上是随着变形量的增大，应力值趋于一定值。

第二阶段：在第一阶段动态软化不能完全抵消加工硬化。随着变形量的增加，位错密度继续增加，内部储存能也继续增加。当变形量达到一定程度时，将使奥氏体发生另一种转变——动态再结晶。动态再结晶的发生与发展，使更多的位错消失，奥氏体的变形抗力下降，直到奥氏体全部发生了动态再结晶，应力达到了稳定值。这就是真应力-真应变曲线的第二阶段。曲线表明，奥氏体发生动态再结晶有一临界变形量 ε_c，只有变形量 $\varepsilon >$

ε_c 时,才能发生动态再结晶。

第三阶段:奥氏体发生了动态再结晶之后,变形量不断增加,而应力值基本保持不变,呈稳定状态。从真应力-真应变曲线中可以确定发生动态再结晶的临界变形量。临界变形量的大小表征了奥氏体发生动态再结晶的难易程度,而且可以通过改变工艺参数找出影响临界变形量的各种因素,因此,研究临界变形量是研究奥氏体动态再结晶的一种好方法。

2.2.2 SBL 钢的 RTT 曲线

根据在恒定应变速率下的钢的化学成分组成和工艺参数对峰值应变的影响,动态再结晶开始时间

$$R_S = \frac{\varepsilon_P}{\dot{\varepsilon}} \qquad (2-2)$$

式中,ε_P——奥氏体峰值应变;

$\dot{\varepsilon}$——应变速率,s^{-1}。

RTT 曲线的形状反映了合金元素对奥氏体动态再结晶的影响。普通 C-Mn 钢不添加合金元素,其 RTT 曲线呈直线形状,随着温度的降低,再结晶开始时间延长。对于高强度低合金钢,钢中的合金元素,特别是微合金化元素,将对 RTT 曲线产生明显的影响。微合金元素既可通过固溶在奥氏体中来抑制动态再结晶的发生,也可以通过与钢中的 C,N 生成碳氮化物来抑制动态再结晶。应变诱导析出的碳氮化物沉淀相对动态再结晶的抑制作用

远比固溶原子所产生的抑制作用要强。当变形过程中发生应变诱导析出时，钢的 RTT 曲线会产生转折。

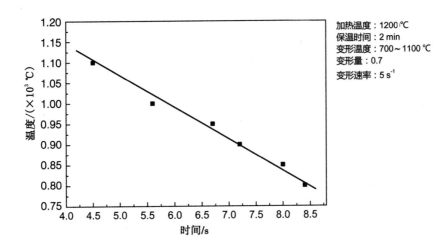

图 2.4　SBL 钢的 RTT 曲线

根据式(2-2)定义，测定试验用钢的 RTT 曲线。当变形速率较高时，峰值应变很大，超出试验条件设定范围，因此选取低应变速率条件($\dot{\varepsilon}$ = 5 s^{-1})测量 RTT 曲线。测得的 RTT 曲线如图 2.4 所示。

对于 SBL 非调质钢来说，尽管 RTT 曲线随变形温度的降低向更长时间偏移，但是并没有出现转折点，因此，可以判定试验用钢在变形过程中没有发生应变诱导析出行为。

2.3 SBL 非调质钢奥氏体的静态再结晶

2.3.1 静态再结晶率曲线(X_s)的测定方法

奥氏体变形后的静态再结晶率曲线的测定，可以直接通过变形后保温不同时间淬火和随后的金相检验来完成，但这种方法工作量太大。

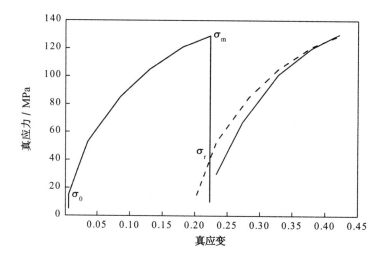

图 2.5 Back-Extrapolation 方法示意图

目前采用间断的双道次变形测定静态再结晶率 X_s，主要有补偿法（off-set）和后插法（back-extrapolation）两种方法。根据 Back-Extrapolation 方法[118]计算出的软化率剔除了变形后因静态回复产生的软化，和实际静态再结晶率 X_s 比较接近。因此，本章将采用 Back-Extrapolation 方法测定两道次压缩试验中道次间隔时间的软化率。具体做法是：将第一道次真应力-真应变曲线向第二道次真应力-真应变曲线方向平移至与其部分重合，平移线与第一道次压缩试验卸载交点对应的应力定义为 σ，如图 2.5 所示。第二阶段变形中的流动应力主要随阶段间隔时间和第一阶段的应变而变化，影响回复和静态再结晶动力学的冶金学因素同样也影响软化。

因此，静态再结晶率 X_s 可按照式(2-3)计算：

$$X_s = \frac{\sigma_m - \sigma_r}{\sigma_m - \sigma_0} \qquad (2-3)$$

式中，σ_m——卸载之前对应的应力；

$\qquad \sigma_0$——第一道次热变形的屈服应力。

2.3.2　软化曲线分析

图 2.6 是采用 Back-Extrapolation 方法处理两道次压缩应力-应变曲线，得到的 SBL 钢在不同的变形温度和应变条件下的静态软化率与等温保持时间的关系曲线。温度是影响再结晶发生的最主要因素，随变形温度的降低，再结晶难以进行，当温度降低到一定程度，再结晶将被终止。在其他条件一定的情况下，形变温度越高，形变存储能越小，再结晶过程将难以进行，但是由于变形温度也是再结晶退火保温温度，而保温温度对再结晶形核和长大速率的影响都是成指数关系的，因此温度越高，再结晶将越为迅速地进行，且其影响十分显著。另一方面，由于形变是影响形变存储能的最主要因素，因此，随着变形量的增加，形变存储能增加，再结晶速率加快。

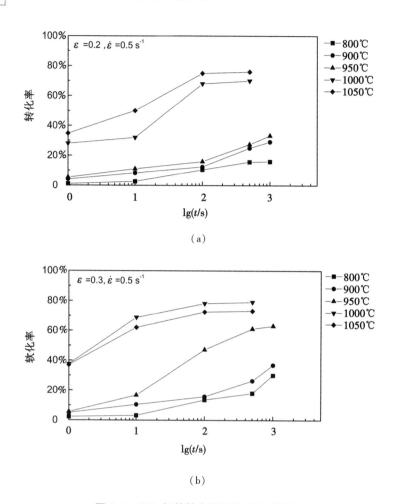

（a）

（b）

图 2.6 SBL 钢的静态再结晶动力学曲线

分析试验用钢的软化率曲线发现，和普通 C-Mn 钢的静态软行为不同，当保温温度降低到一定程度，软化率曲线出现平台，这与钢中的微合金元素 Nb，Ti，V 的应变诱导析出，阻碍加工硬化奥氏体的再结晶进行有关。软化率曲线中平台的开始与结束时间分别对应着应变诱导析出的开始与结束时间。此时，奥氏体的软化过程可以分为三个阶段。第一阶段：钢的软化率曲线同普遍 C-Mn 钢再结晶规律相同；第二阶段：由于应变诱导析出的发生，再结晶被抑制，甚至终止，软化率曲线出现平台；第三阶段：当析出结束时，再结晶继续进行。因此，同微合金元素 Nb，Ti，V 等对再结晶的固溶拖曳作用相比，微合金元素的应变诱导析出对静态再结晶的钉扎抑制作用更加显著。软化率曲线平台出现的开始及结束时间，是与碳、氮化物析出的开始和结束时间相对应的，可以作为 PTT 图绘制的参考，关于这一点，将在第 3 章中讨论。

2.4 本章小结

　　研究了变形温度、变形速率对 SBL 非调质钢奥氏体动态再结晶行为的影响。根据 SBL 钢不同试验条件下的真应力-真应变曲线可知，试验用钢存在两种形式的真应力-真应变曲线，一种是动态再结晶型，另一种是动态回复型。动态再结晶发生在较高的变形温度和较低的应变速率下，并随变形温度的降低和应变速率的增加，发生再结晶的临界应变值增大。当变形温度足够低，变形速率足够大，奥氏体只发生加工硬化和动态回复，而无再结晶发生。对 SBL 钢 RTT 曲线的研究结果表明，在试验给定的变形条件下没有发生应变诱导析出。

　　通过对 SBL 非调质钢热变形奥氏体的静态再结晶行为的研究，发现温度是影响再结晶发生的最主要因素，随着变形温度的降低，再结晶难以进行，当变形温度降低到一定程度，再结晶将终止。在其他因素不变的前提下，形变量越大，再结晶速率越快。由于存在微合金元素的应变诱导析出，对静态再结晶起到抑制作用，SBL 钢的软化率曲线出现平台。

3　微合金碳氮化物的应变诱导析出

现代高强度低合金钢的控制轧制和控制冷却技术（TMCP）是由控制轧制、控制冷却和控制沉淀三个方面组成的，控制沉淀已经成为全面的控制轧制技术的一个必不可少的有机组成部分[121-123]，对微合金化奥氏体中微合金元素的固溶和沉淀析出规律的深入探讨和研究，并应用于生产实践，已经成为高强度低合金钢进一步发展的主要方向。

用于研究形变诱发沉淀过程的方法通常包括：①透射电镜观测薄膜试样；②透射电镜观测萃取复型试样；③高温应力法；④电化学萃取等。其中电化学萃取不需要使用大量的试样，可以避免相应的误差。然而，这种方法的精度较低，沉淀前期形成的小沉淀粒子无法测量出来。而采用 TEM 方法的优点是可以在研究沉淀动力学的同时，观测到沉淀相的结构、粒子分布和测定其化学成分。然而，这种方法的明显缺点是工作量大，使用试样多，测量精度低。针对上述方法的不足，1988 年，Liu 和 Jonas 提出了一种采用热变形法测定沉淀的方法——应力松弛法（stress relaxation method）[118]。这种方法基于对变形后应力松弛数据的分析，来研究静态再结晶动力学和形变诱导沉淀析出行为，具有试验量小、灵敏度高的优点，并且可以观察松弛过程的回复和再结晶行为。

本书利用应力松弛方法，并借助透射电镜观察，对 SBL 钢在热变形后奥氏体中 Nb，V，Ti 碳氮化物沉淀析出规律进行较为系统的研究。

3.1　试验方案

试验材料为 SBL 非调质钢，试验在 Gleeble1500 热模拟试验机上进行，采用低频电流通过试样所产生的热效应把试样加热到 1200 ℃，然后保温 2 min，接着以 10 ℃/s 的冷却速度冷却至变形温度；变形程度分别为 5% 和 20%，变形速率为 0.5 s^{-1}，然后保持锤头间距不变，进行等温保持，保持时间为 2000 s，Gleeble1500 热模拟试验机本身数据采集系统自动采集松弛过程的应力、应变、温度、时间等过程参数。应力松弛试验过程如图 3.1 所示。

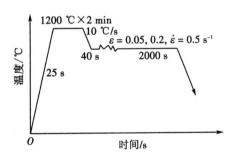

图 3.1　应力松弛试验工艺规程示意图

为了研究松弛过程中析出质点的演变过程，在不同保温时间后进行淬火，利用 EM400 透射电镜观察析出物的形态和分布。

3.2 应力松弛曲线

3.2.1 应力松弛法原理

金属塑性变形时将发生加工硬化现象，材料中点阵缺陷，特别是位错密度急剧增加，导致强度增加。因此，当高温压缩变形后的试样，在压头间距不变的条件下等温保持时，由于金属中位错的运动与重新分布，以及位错互毁等原因，试样会发生应力松弛现象。这时试样中应力下降与等温保持时间的对数成直线关系。变形中所增值的大量位错等缺陷，是等温保持过程中奥氏体再结晶和沉淀相的优先形核位置，当钢中的碳氮化物等析出物在位错上形核、生成，将对位错起到钉扎作用，这样位错运动及再分布由于受到明显的阻碍，应力松弛速度将明显减慢。

当晶粒内部发生其他影响位错密度或位错分布的因素时，也会明显影响松弛过程。若在等温弛豫期间发生奥氏体的再结晶或发生相变时，均导致位错密度急剧下降，应力松弛曲线发生陡降，出现转折点。但是当出现阻碍位错运动的析出过程发生时，应力松弛曲线上出现一个转折点，松弛速度减慢，甚至完全停止。所以，这种曲线下降速率出现转折点的时间应与析出开始时间（P_s）对应。然后应力弛豫曲线进一步下降，松弛速度恢复到析出前的水平。根据应力松弛曲线的第二个转折点可以确定出析出的终止时间（P_f）。

3.2.2　应力松弛曲线分析

图 3.2 和图 3.3 是在 Gleeble1500 热模拟试验机上测得的 SBL 钢应力松弛曲线。

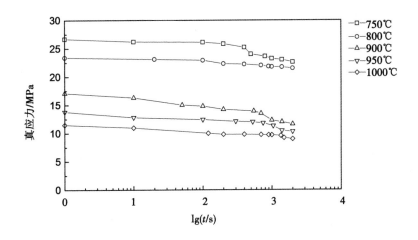

图 3.2　试验用钢预应变 5%的应力松弛曲线

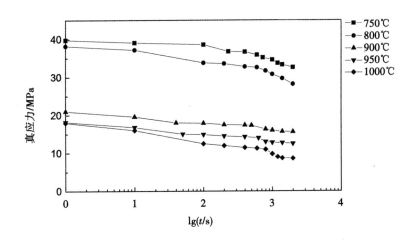

图 3.3　试验用钢预应变 20%的应力松弛曲线

在曲线中，最初的线性部分为典型的应力松弛曲线是变形奥氏体静态再结晶开始之前的回复阶段。随后是应力快速下降阶段。这一阶段被认为静态再结晶过程。随后又是一个线性缓慢下降区间，这被认为已软化的奥氏体松弛阶段。

在一定的变形条件下（如发生微合金碳氮化物沉淀析出），静态再结晶过程并不能够进行完全，而被合金元素的沉淀析出物终止，从而在再结晶结束阶段和软化奥氏体应力松弛阶段之间产生一直线区间，应力值随着对数时间坐标的增加而呈固定斜率缓慢降低的趋势，该阶段被认为沉淀相析出阶段。此阶段中应力缓慢降低开始点可定义为沉淀析出开始点 P_s，应力缓慢降低结束点可定义为沉淀析出结束点 P_f。直线的斜率代表沉淀相对强度的贡献。斜率越大，则沉淀相对强度的贡献也越大，即强化作用越大。

值得注意的是，当松弛温度为 800 ℃ 和 750 ℃ 时，松弛到一定程度曲线斜率急剧下降。这与 $\gamma—\alpha$ 转变有关。由于发生相变，P_f 点无法测到。此外，当预应变温度较高时，应力平台变得不明显，这是由于当测试温度较高时，析出量减少。

观察预应变为 5% 和 20% 条件的松弛曲线，均随预应变程度的增加，初始应力值增加，并加速应力松弛速度，使 P_s、P_f 时间缩短。

3.2.3 SBL 钢的 PTT 图

根据测得的各个等温温度下的应力松弛曲线，确定不同保温温度和变形条件下析出的开始与终止时间(P_s和P_f)，绘制出 SBL 钢的 PTT 图（沉淀-时间-温度图），如图 3.4 所示。沉淀析出的 PTT 图呈典型的 C 形状，在一定的奥氏体化和形变条件下，沉淀发生具有一个最快析出温度，并且变形加速沉淀析出过程的进行。

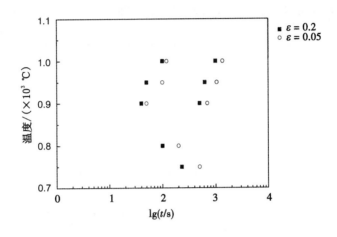

图 3.4 SBL 钢的 PTT 图

当变形程度为 5%时，析出过程进行最快温度在 900 ℃左右，在此温度下，析出开始时间为 60 s，结束时间为 800 s；当变形程度为 20%时，析出过程进行最快的温度有稍许提高，析出开始时间提前到 40 s，结束时间为 500 s。在 800 ℃等温时 SBL 钢发生相变，未能测到真实的微合金元素在奥氏体应变诱导析出终止时间。

3.3　微合金碳氮化物的沉淀

3.3.1　加热时未溶的沉淀相

　　SBL 钢加热到 1200 ℃，保温 600 s，奥氏体中残留未溶解的碳氮化物粒子见图 3.5。粒子尺寸范围在 200 ~ 400 nm。大量的试验结果已经证实钢中 Nb，V 在 1200 ℃的固溶温度下将基本处于固溶状态，而 Ti 不能完全溶解，一部分将以析出相的形式存在。这种未溶的沉淀粒子在随后不同温度下的松弛过程中仍然存在，并将继续长大。

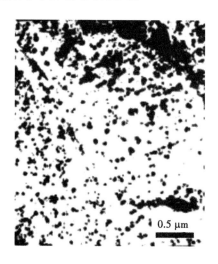

0.5 μm

图 3.5　试验用钢在 1200 ℃奥氏体化 600 s 后未溶的沉淀粒子

3.3.2 应变诱导析出相形核与长大

图 3.6 是 SBL 钢在 1200 ℃保温 600 s，快速冷却至 900 ℃，实施 20%的压缩变形，变形速率为 0.5 s^{-1}后，不同应力松弛时间的析出物形貌照片。

在沉淀开始阶段，沉淀相质点尺寸很小，数量也非常少，随着松弛时间的延长，析出量逐渐增多且尺寸逐渐长大，并且分布较为均匀。松弛时间进一步延长，应力松弛曲线中沉淀析出结束，继续进行静态再结晶并进入已软化的奥氏体松弛阶段，析出质点数量不再增加，但是析出质点尺寸在不断长大。

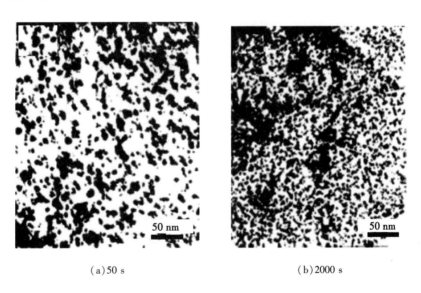

(a) 50 s   (b) 2000 s

图 3.6 SBL 钢在 900 ℃变形 20%后不同松弛时间的析出过程

微合金碳氮化物在奥氏体中沉淀析出时，它们将主要在各种晶体缺陷（如晶界、亚晶界、位错线上）形核长大，特别是在形变而未再结晶的奥氏体中的那部分能量用来驱动形核。另外，微合金溶质和 C，N 溶质原子本身也析出时，晶界、亚晶界和位错上形核沉淀占绝对优势，基体内均匀形核几乎完全不可能发生。这是由于在这些缺陷处具有比奥氏体基体平均自由能更高的能量，当沉淀相晶核在这些缺陷处形成时将使部分晶核消失，与之相联系易于偏聚在这些缺陷处，从而有利于微合金碳氮化物的形核质点在这些地方生成。

沉淀相晶核一旦形成，就开始沉淀的长大过程。对于沿位错线形核的微合金碳氮化物，沿位错管道方向上溶质原子的扩散速率比其他方向要快得多，但由于位错上偏聚的溶质原子在形核初期已消耗殆尽，沉淀长大过程中的奥氏体基体中过饱和的溶质原子必须首先通过点阵扩散运动到位错线上，然后沿位错管道扩散而使沉淀相长大，其中溶质原子的点阵扩散必然起控制作用。因此，其长大符合扩散控制长大理论。长大沉淀相的线尺寸正比于时间的 1/2 次方和溶质扩散系数 D 的 1/2 次方。其表达式为[124]

$$d = \alpha \sqrt{Dt} \tag{3-1}$$

式中，d——质点的直径；

α——长大系数；

D——控制长大速率元素的扩散系数；

t——时间。

3.4　本章小结

应用应力松弛法测定了微合金碳氮化物沉淀析出行为，并结合透射电镜对碳氮化物形态进行观察，得出以下结论：

① 随着预应变程度的增加，初始应力值增大，应力松弛速度加快；

② SBL 钢的沉淀析出 PTT 图呈典型的 C 形状，在一定的奥氏体化和形变条件下，沉淀发生具有一个最快析出温度，大致在 900~920 ℃；

③ 奥氏体预变形加速沉淀析出过程的进行，使 PTT 曲线向左上方偏移；

④ SBL 钢加热时，将在奥氏体中残留部分未溶的碳氮化物；

⑤ 随着应力松弛时间的延长，析出粒子逐渐增多且尺寸逐渐长大。

4 奥氏体的连续冷却转变

连续冷却转变曲线可以系统地表示出冷却速度对指定钢种相变开始温度、相变进行速度和组织与硬度的影响情况，是调整钢的化学成分、衡量轧制工艺和热处理工艺是否恰当的重要理论依据[125-126]。

SBL 非调质钢通常在 1100 ℃ 左右奥氏体化后经过粗轧、精轧变形，此时，合金元素在奥氏体中的固溶量、奥氏体的组织（晶粒度及亚结构等）与未形变过冷奥氏体连续冷却转变的状态有很大的不同，连续冷却相变行为将发生较大的变化，因而，研究形变对 SBL 非调质钢奥氏体连续冷却转变的影响十分必要。

本章根据 Mn-B 系低碳贝氏体型 SBL 非调质钢的成分特点和工艺要求，采用膨胀法与金相法相结合的方式，对常规热处理状态和轧后冷却状态下 SBL 非调质钢奥氏体的连续冷却转变进行试验研究。在试验基础上，建立 SBL 钢静态及动态连续冷却转变曲线，确定试验用钢贝氏体的转变范围，分析形变对奥氏体连续冷却转变及转变产物室温显微组织的影响。为进一步探讨其组织性能影响因素、制定合理的控轧控冷工艺制度以最终得到具有良好强韧性能的贝氏体非调质钢奠定理论基础[125-128]。

4.1 试验方案

本试验在 Gleeble1500 热模拟试验机上进行。试样变形后采用计算机控制冷却和喷水冷却等冷却方式来控制冷却速度，由夹持在试样中部的传感器测定连续冷却过程中因温降和相变引起的试样直径的变化，并通过 $X-Y$ 记录仪记录温度-膨胀量曲线。采用切线法在热膨胀曲线上确定相变温度。

为确定 SBL 非调质钢奥氏体的连续冷却转变曲线（CCT 曲线），采用的试验方案为两种：工艺 A——接近热处理制度下的静态连续冷却转变，将试样以 20 ℃/s 的速度加热至 950 ℃，保温 3 min，然后分别以不同的速度连续冷却；工艺 B——接近轧制制度下的动态连续冷却转变，将试样以 20 ℃/s 的速度加热至 1100 ℃，保温 3 min，然后以 15 ℃/s 的冷速冷至 900 ℃，保温 3 min 后给予 40% 的压缩形变，形变速率为 1 s^{-1}，随后以不同的速度连续冷却至室温，具体试验工艺如图 4.1 和图 4.2 所示。

将在不同工艺条件下得到的试样沿轴向剖开，经研磨、抛光后采用 4% $HNO_3+C_2H_5OH$ 腐蚀，显微组织在 MEF3 型光学显微镜下观察、分析，并加 $HNO_3+C_2H_5OH$ 腐蚀，显微组织在 MEF3 型光学显微镜下观察、分析，并在 MicroMet 显微硬度计上测定剖面中部的显微硬度值，所加载荷为 49 N，加载时间为 15~20 s。为研究显微组织的精细结构，采用剑桥 S360 型扫描电子显微镜进行观察。

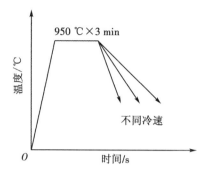

图 4.1　工艺 A 示意图

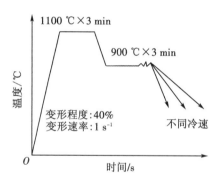

图 4.2　工艺 B 示意图

4.2　SBL 非调质钢奥氏体的连续冷却转变

图 4.3 为 SBL 非调质钢奥氏体的连续冷却转变曲线（CCT 曲线），根据各组织转变区的范围，可将图划分为三个区：① 高温区，为先共析铁素体和珠光体区；② 中温区，为贝氏体转变区；③ 低温区，为马氏体转变区。

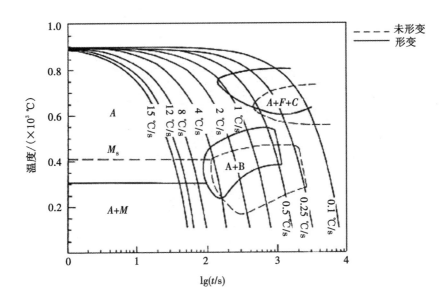

图 4.3　SBL 钢的 CCT 曲线

从图 4.3 可见，奥氏体形变使连续冷却转变曲线的高温区和中温区明显向左、向上移动，低温区向下移动。试验用钢奥氏体未形变时，冷速大于 4.5 ℃/s 的室温组织为马氏体和残余奥氏体，M_s 点为 420 ℃；冷速低于 4.5 ℃/s 时，开始有贝氏体生成，冷却速度降低，贝氏体开始转变温度升高，贝氏体转变量增大；冷却速度在 1~4.5 ℃/s，室温组织为贝氏体及少量残余奥氏体，冷却速度降至 0.7 ℃/s 左右时，开始有先共析铁素体析出。试验用钢奥氏体形变后，冷却速度大于 7 ℃/s 的室温组织为马氏体和残余奥氏体，M_s 点为 310 ℃；冷却速度低于 7 ℃/s 时，开始有贝氏体生成；冷却速度在 1.5~7℃/s，室温组织为贝氏体及少量残余奥氏体；冷却速度低于 1.5 ℃/s 时，有先共析铁素体析出。

可见，形变对试验用钢铁素体和珠光体及贝氏体转变起促进作用，而抑制马氏体转变。这是因为 SBL 非调质钢奥氏体在试验规定的塑性形变条件下，未完成再结晶，原奥氏体经热形变后的晶粒被压扁拉长，单位体积中的晶界面积增大，增多了铁素体和珠光体形核的位置，晶界处的塞积位错为铁素体和珠光体形核提供了有利的热力学条件，使形核率增大，晶内形成的形变带也存在大量的位错，同样，会增大铁素体和珠光体的形核率，从而加速铁素体和珠光体转变。形变对贝氏体形成的影响主要包括两个方面：一方面，可以加快碳在奥氏体中的扩散；另一方面，会产生高密度的位错及大量的滑移带，阻碍贝氏体 α 相的共格成长，因而，贝氏体转变减缓。在本试验条件下前一因素起主要作用，所以加快贝氏体转变。对于马氏体转变，因塑性形变使奥氏体晶细碎化，形成大量亚晶界及高密度位错区，对形成马氏体所需发生的点阵重建与共格式长大起阻碍作用，从而使 M_s 点下降。

室温组织维氏硬度随冷速的变化情况如图 4.4 所示。试验用钢奥氏体经不同工艺冷至室温的维氏硬度均随冷却速度的提高而增大，两条曲线均明显地划分为三个区域。因对于相同成分的钢而言，先共析铁素体和珠光体、贝氏体、马氏体的硬度依次递增，而随着冷却速度的提高，由图 4.3 已知，试验用钢的室温组织依次为先共析铁素体和珠光体、贝氏体、马氏体，这刚好与图 4.4 中硬度随冷速的变化规律吻合，从而进一步验证了所得奥氏体连续冷却转变曲线的正确性。

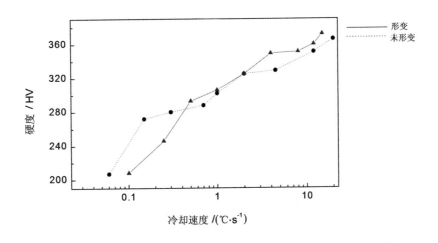

图4.4 室温组织维氏硬度随冷速的变化

4.3 冷却速度对 SBL 非调质钢显微组织的影响

图 4.5、图 4.6 和图 4.7 为 SBL 非调质钢原始态——轧态的显微组织，为贝氏体组织，晶粒粗大，M-A 小岛不均匀。

图 4.8 为 SBL 非调质钢未变形奥氏体以不同冷却速度冷至室温的光学显微组织照片。冷速大于 4.5 ℃/s 的室温组织为马氏体和残余奥氏体，M_s 点为 420 ℃，冷速低于 4.5 ℃/s 时，开始有贝氏体生成，冷却速度降低，贝氏体开始转变温度升高，贝氏体转变量增大，冷却速度为 1~4.5 ℃/s，室温组织为贝氏体及少量残余奥氏体。冷却速度降至 0.7 ℃/s 左右时，开始有先共析铁素体析出。

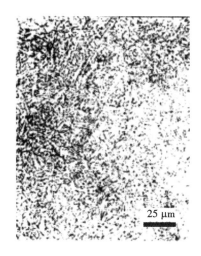

图 4.5　原始态的光学显微组织形貌

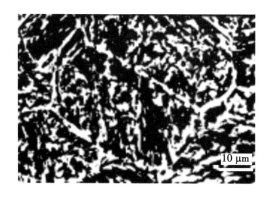

图 4.6　原始组织的 SEM 形貌

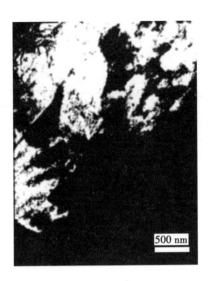

图 4.7　原始组织的 TEM 形貌

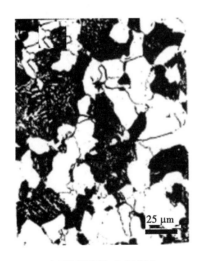
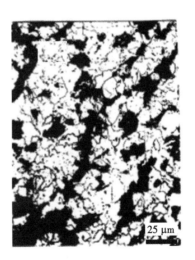

（a）冷却速度：0.06 ℃/s　　　　　　　　（b）冷却速度：0.15 ℃/s

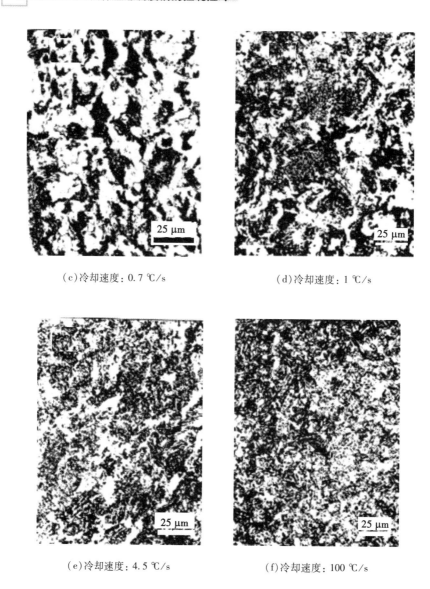

(c)冷却速度：0.7 ℃/s　　　　　　　(d)冷却速度：1 ℃/s

(e)冷却速度：4.5 ℃/s　　　　　　　(f)冷却速度：100 ℃/s

图 4.8　SBL 钢在工艺 A 下的光学显微组织形貌

图 4.9 为 SBL 非调质钢变形奥氏体以不同冷却速度冷至室温的光学显微组织照片。冷速大于 7 ℃/s 的室温组织为马氏体和残余奥氏体，M_s 点为 310 ℃。冷速低于 7 ℃/s 时，开始有贝氏体生成，冷却速度降低，贝氏体开

始转变温度升高，贝氏体转变量增大。冷却速度在 1.5～7 ℃/s，室温组织为贝氏体及少量残余奥氏体。冷却速度降至 1.5 ℃/s 左右时，开始有先共析铁素体析出。

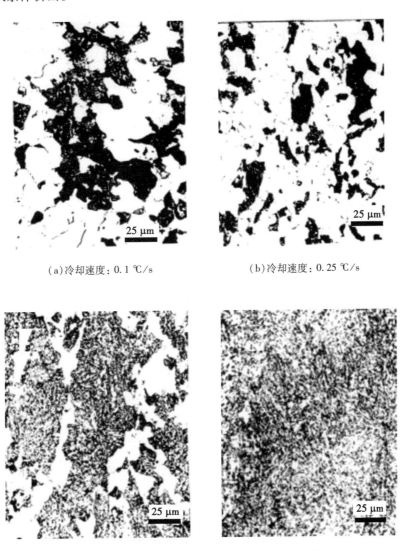

(a)冷却速度：0.1 ℃/s　　　　　　　　(b)冷却速度：0.25 ℃/s

(c)冷却速度：0.5 ℃/s　　　　　　　　(d)冷却速度：2 ℃/s

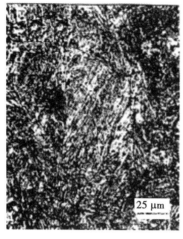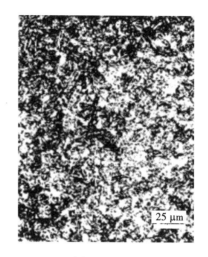

(e)冷却速度：4 ℃/s　　　　　　　(f)冷却速度：100 ℃/s

图 4.9　SBL 钢在工艺 B 下的光学显微组织形貌

4.4　冷却速度对 SBL 非调质钢贝氏体组织形态的影响

在贝氏体转变范围内，不同冷却速度对贝氏体 SEM 组织形貌的影响如图 4.10 所示。观察发现，试验用钢在冷速小于 4.5 ℃/s、奥氏体未变形的条件下，所得贝氏体主要为粒状贝氏体。随着冷速的增大，粒状贝氏体的 M-A 小岛数量增加，并由短杆状、不规则多边形变为均匀粒状，且尺寸减小，残余奥氏体量减少。这是因为对于粒状贝氏体，冷速越大，贝氏体转变开始温度越低，相变驱动力越大，碳原子扩散也越不充分，因而，奥氏体只在短距离内富碳，M-A 小岛尺寸减小，数量增加，间距缩短；同时，随着冷速的增加，原奥氏体内缺陷增多，使粒状贝氏体铁素体形核区及奥氏体富碳区均相应增加，这也会使粒状贝氏体中的 M—A 小岛数目增多，残余奥氏体数量减少。这一试验结果有力地支持了贝氏体相变的扩散学说。

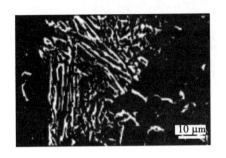 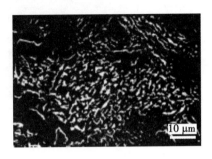

(a)冷却速度：1 ℃/s　　　　　　　　(b)冷却速度：2 ℃/s

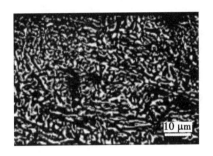

(c)冷却速度：4.5 ℃/s

图 4.10　冷却速度对 SBL 钢贝氏体 SEM 形貌的影响

4.5　奥氏体形变对 SBL 非调质钢贝氏体组织形态的影响

图 4.11 为试验用钢未形变及形变奥氏体连续冷却所得贝氏体的 SEM 显微组织形貌。

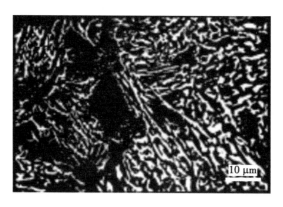

(a)未变形,冷却速度为 2 ℃/s

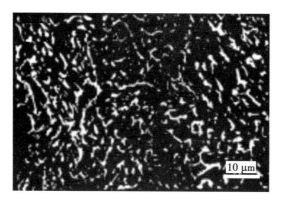

(b)变形,冷却速度为 2 ℃/s

图 4.11　SBL 钢贝氏体的 SEM 形貌

图 4.12 为试验用钢 1100 ℃奥氏体化保温 3 min 后冷却至 900 ℃变形 40%的奥氏体真应力-真应变曲线。由图中可见,SBL 钢在此条件下没有发生再结晶,为奥氏体未再结晶区轧制。

形变奥氏体连续冷却形成的粒状贝氏体较之未形变奥氏体连续冷却形成的粒状贝氏体 M-A 小岛数量增加,尺寸减小。这是因为,形变使奥氏体内缺陷增多,使粒状贝氏体铁素体形核区及奥氏体富碳区相应增加,Fe,C 原子扩散较为容易,从而使粒状贝氏体中的 M-A 小岛数目增多,尺寸变小。这进一步验证了贝氏体相变的扩散机制。

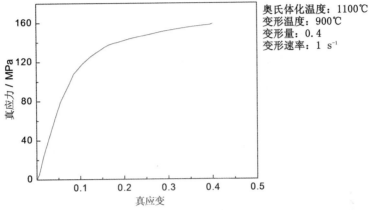

奥氏体化温度：1100℃
变形温度：900℃
变形量：0.4
变形速率：1 s⁻¹

图 4.12　SBL 钢的真应力-真应变曲线

4.6　本章小结

采用 Gleeble1500 热模拟试验机研究 SBL 非调质钢奥氏体的连续冷却转变，结果如下。

① 试验用钢未变形奥氏体的连续冷却转变曲线，不发生先共析铁素体析出的临界冷却速度为 0.7 ℃/s；冷却速度在 1~4.5 ℃/s 范围内可得到全部贝氏体组织；当冷速大于 4.5 ℃/s 时，不再有贝氏体生成，室温组织为马氏体和残余奥氏体。

② SBL 钢热变形奥氏体不发生先共析铁素体析出的临界冷却速度为 1.5 ℃/s；冷却速度在 1.5~7 ℃/s 范围内可得到全部贝氏体组织；当冷速

大于 7 ℃/s 时, 不再有贝氏体生成, 室温组织为马氏体和残余奥氏体。

③ 奥氏体塑性形变有利于高温转变和中温转变, 抑制马氏体转变。

④ 在贝氏体转变区域内, 奥氏体形变和增大冷速均使粒状贝氏体的 M-A 小岛数量增加, 尺寸减小。由此可以认为, SBL 钢贝氏体转变机制为扩散型转变。

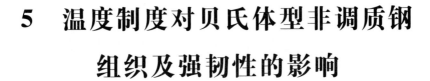

5 温度制度对贝氏体型非调质钢组织及强韧性的影响

大量的研究结果证明，在贝氏体钢的开发中，尽管单纯合金化的方法可以大幅度提高钢的强度，但不可避免会导致钢的焊接性能和韧性恶化。因此，应通过控轧控冷来提高低碳贝氏体钢的综合力学性能。

本章利用 Gleeble1500 热模拟试验机，研究控轧控冷工艺中温度制度（加热温度、终轧温度、冷却速度等）对 SBL 钢组织性能的影响，为实际生产中制定合理的工艺制度奠定理论和试验基础。

5.1 试验方案

5.1.1 试验方法

以 SBL 钢的 CCT 曲线和现行生产工艺为基础，在研究不同因素的影响时，仅对要研究的因素进行改变，其他因素参数不变。具体工艺如表 5.1 所列。

表 5.1   控轧控冷工艺参数研究方案

影响因素	加热温度 /℃	终轧温度 /℃	变形程度	变形速率 /s^{-1}	冷却速度 /(℃·s^{-1})
加热温度	1000	900	15%	1	4
	1050				
	1100				
	1150				
终轧温度	1100	950	15%	1	4
		900			
		850			
		800			
		750			
冷却速度	1100	900	15%	1	1
					2
					4
					6
					8

5.1.2   试验材料

试验材料为抚顺特殊钢(集团)有限责任公司连轧生产线生产的轧后空冷态 SBL 钢。试验用钢具体成分如表 2.1 所列。

5.1.3 热模拟试样

综合考虑热模拟试验及随后力学性能测定的要求,将热模拟试样尺寸定为:11 mm×11 mm×100 mm[126]。

5.2 试验过程

5.2.1 热模拟试验

11 mm×11 mm×100 mm 试样中心部位焊接热电偶,以测定试样的实际温度,试样用特定的锤头夹持,按照表 5.1 所列的不同工艺制度对试样进行热模拟试验。试样的变形区主要集中在试样的中部,在此次试验中,根据大多试样变形后的变形区形态,将变形区长度取为 30 mm,试样试验前后的改变如图 5.1 所示。

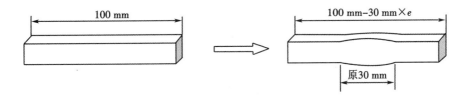

图 5.1　试样试验前后形状变化示意图

5.2.2　力学性能的测试

将热模拟试验试样按照 GB 229—1984 标准制成冲击韧性试样，在 300 J 冲击试验机上做室温冲击试验；按照 GB 6397—1986 标准制成拉伸试样，在拉伸试验机上做室温拉伸试验。因此，本次热模拟试验试样的变形区集中在试样中间部位（变形区长度取为 30 mm）。为了保证试验数据的准确性，在加工冲击和拉伸试样时，做到冲击和拉伸试样的中心与热模拟试验试样的中心位置重合，这样，就保证了冲击和拉伸试验的工作部分为热模拟试样的变形部分。

5.2.3　组织检验

沿热模拟试样与长轴垂直的中心部位切开，分别在光学显微镜及扫描电镜下进行组织观察。冲击断口形貌在扫描电镜下观察分析。

5.3　温度制度对 SBL 非调质钢组织性能的影响

5.3.1　加热温度的影响

加热温度对 SBL 钢力学性能的影响见图 5.2。由加热温度对 SBL 钢不同力学性能的影响曲线图发现，随着加热温度的升高，SBL 钢的强度、韧性、硬度都呈明显的降低趋势，只有塑性随加热温度的升高而有所提高。

显微组织随加热温度的变化是产生这种现象的主要原因。材料加热温度达到奥氏体区域，在奥氏体化过程中，随着加热温度的升高，奥氏体晶粒也随之长大，在其他影响因素不变的前提下，粗大的原始奥氏体晶粒，必然导致成品晶粒粗大化，而粗大的晶粒是产生强韧性、硬度降低、塑性提高的决定性因素。图 5.3 和图 5.4 清楚表明，随加热温度的提高，SBL 钢室温组织晶粒粗大，贝氏体显微组织的 M-A 小岛由均匀粒状变为短杆状。由图 5.5 和图 5.6 所示加热温度对冲击断口组织形貌的影响可见，随加热温度的提高，冲击断口宏观组织形貌中的剪切唇变小，微观组织由韧窝状的韧性断口变为河流花样的解理脆性断口。

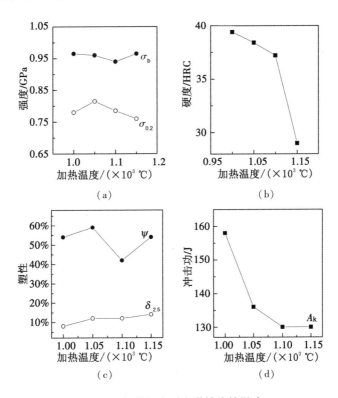

图 5.2　加热温度对力学性能的影响

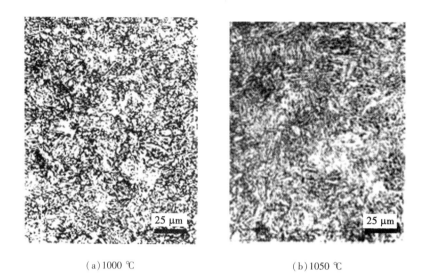

(a)1000 ℃ 　　　　　　　　　　　　(b)1050 ℃

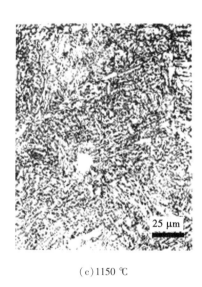

(c)1150 ℃

图 5.3　加热温度对光学显微组织的影响

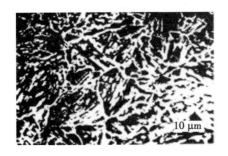 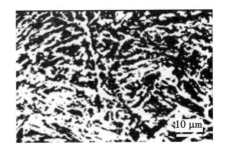

(a)1000 ℃   (b)1050 ℃

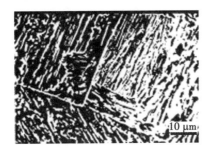

(c)1150 ℃

图 5.4 加热温度对 SEM 显微组织的影响

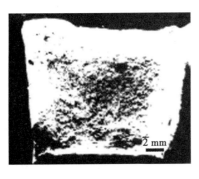 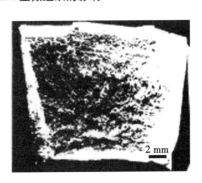

(a)1000 ℃   (b)1150 ℃

图 5.5 加热温度对冲击断口宏观组织形貌的影响

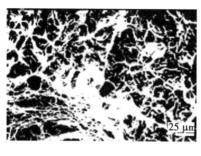 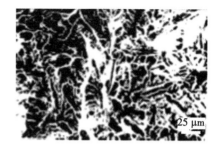

（a）1000 ℃ 　　　　　　　　　　　　（b）1150 ℃

图5.6　加热温度对冲击断口微观组织形貌的影响

材料的塑性和韧性实际上是由屈服强度、裂纹形核和扩展临界应力之间的相对大小来决定的，不能认为随着材料屈服强度的提高，塑性和韧性总是趋于降低。所以为了达到不同力学性能指标的要求，可以采用不同的加热温度，如为了提高延伸率指标，可以适当地升高加热温度到 1150 ℃。而为了得到综合性能良好的力学性能，采用的加热温度可取 1050 ~ 1100 ℃。

5.3.2　终轧温度的影响

终轧温度是控轧控冷工艺中一个十分重要的工艺参数。本书研究了终轧温度对 SBL 钢力学性能的影响，见图 5.7。不同终轧温度下 SBL 钢的显微组织形貌如图 5.8 和图 5.9 所示。终轧温度越高，材料的室温组织越粗大，粒状贝氏体的 M-A 岛状析出物尺寸越大，间距也变大，从而降低了材料的强韧性。

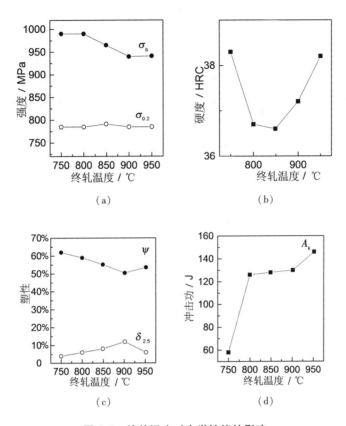

图 5.7　终轧温度对力学性能的影响

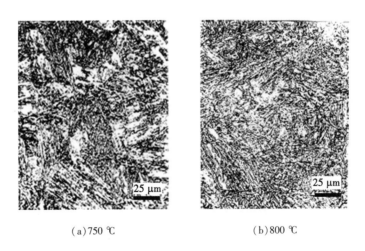

（a）750 ℃　　　　　　　　　　（b）800 ℃

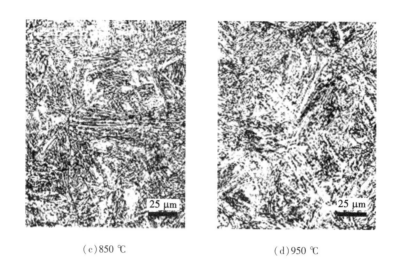

(c)850 ℃   (d)950 ℃

图 5.8　终轧温度对光学显微组织的影响

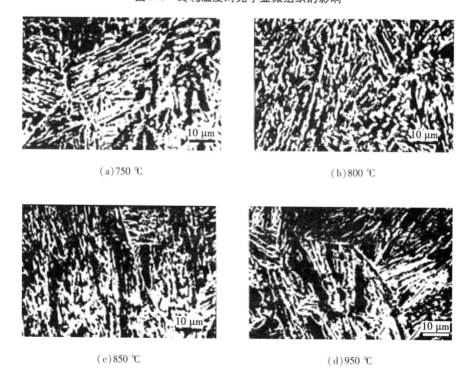

(a)750 ℃   (b)800 ℃

(c)850 ℃   (d)950 ℃

图 5.9　终轧温度对 SEM 显微组织的影响

从图 5.7 中可以很明显地看出,当终轧温度在 800 ℃时,各项力学性能指标(特别是硬度和韧性)产生了突变。从试验用钢动态连续冷却曲线可以看出,当 SBL 钢在低于 800 ℃进行保温的过程中,已经开始产生先共析铁素体相变,生成部分先共析铁素体,而在研究终轧温度的影响时,采取的冷却速度为 4 ℃/s,当温度高于 800 ℃进行终轧时,不产生先共析铁素体,这也是造成上述结果的主要原因。

当终轧温度低于 800 ℃时,强度和塑性略有变化,但变化不大,而硬度和韧性却有很大的变化,尤其是韧性下降幅度非常大(由 130 J 下降到60 J)。分析原因是:在 750 ℃进行终轧时,虽然起到了细化晶粒的作用,细化的效果与 800 ℃终轧相比却没有质的区别,这也就是与 800 ℃终轧时相比,强度与塑性没有大的变化的主要原因,但却因破坏了先共析产物的完整性,直接导致韧性显著下降。

当终轧温度高于 800 ℃时,随着温度的降低,强度提高的趋势十分明显,塑性也有所提高,但韧性却变化不大,这主要是本试验的终轧温度范围为奥氏体未再结晶区。在奥氏体未再结晶区控制轧制时,γ 晶粒沿轧制方向伸长,在 γ 晶粒内部产生形变带,此时不仅由于晶界面积的增加提高了 α 的形核密度,而且也在形变带上出现大量的晶核,这样,就进一步促进了 α 晶粒的细化,晶粒细化的结果导致韧性变化不大。

当终轧温度上升到 950 ℃时,已经接近奥氏体再结晶区,奥氏体再结晶区控制轧制的主要目的是通过对加热时粗化的初始晶粒反复轧制—再结晶使之得到细化,从而使 γ—α 相变后得到细小的 α 晶粒,它实际上是控制轧制的准备阶段,原始奥氏体晶粒相对低温终轧所得晶粒粗大,致使钢在

950 ℃进行终轧时的力学性能与于 800~900 ℃进行终轧有所不同。由图
5.10 中终轧温度对冲击断口组织形貌的影响可见，当终轧温度上升到 950
℃时，冲击断口由韧性断口变为河流花样的解理脆性断口。

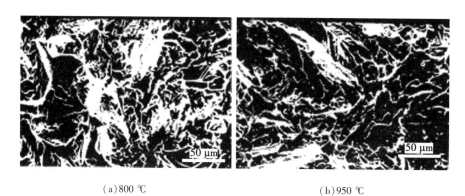

（a）800 ℃   （b）950 ℃

图 5.10　终轧温度对冲击断口的影响

综上所述，SBL 钢在奥氏体未再结晶区轧制时，随着终轧温度的降低，
强度和面缩率有所提高，硬度、韧性和延伸率稍有降低，从综合力学性能方
面进行考虑，终轧温度应该取在 850~900 ℃。

5.3.3　冷却速度的影响

冷却速度对 SBL 钢力学性能的影响见图 5.11。

控制轧后的冷却速度，作为钢的强化手段，一直为人们所重视。控制
冷却钢的强韧性能取决于轧制条件和冷却条件所引起的相变、析出强化、
固溶强化及加工铁素体回复程度等材质因素的变化。

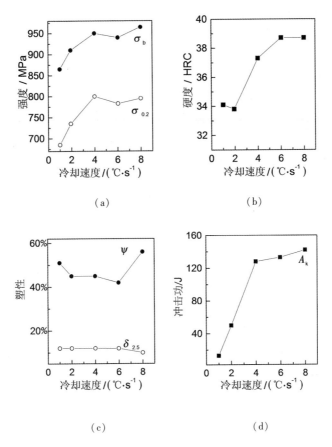

图 5.11　冷却速度对力学性能的影响

参照图 4.3 SBL 钢动态连续冷却曲线,可以将 SBL 钢的冷却速度分成三个阶段。当冷却速度低于 2 ℃/s 时,成品组织中主要由铁素体和珠光体组织构成,在力学性能上表现出冲击韧性和硬度都很低,尤其是韧性指标在以 1 ℃/s 冷却时为 13 J,在以 2 ℃/s 冷却时为 50 J,很难保证达到标准要求($A_k \geqslant 49$ J)的韧性指标;当冷却速度大于 2 ℃/s 时,组织中主要组成为贝氏体,所以在韧性和硬度上都有一个大的提高;在 2~8 ℃/s 的冷却速度范围内,各项力学性能指标都没有太大的变化;当冷却速度大于 8 ℃/s

时,生成组织中主要是马氏体,表现在力学性能方面,强度又有所增加,但延伸率却有所下降。

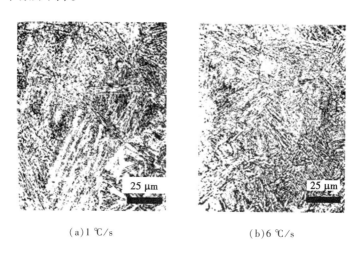

（a）1 ℃/s　　　　　　　　　　　（b）6 ℃/s

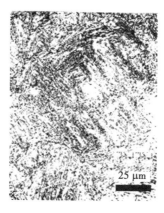

（c）8 ℃/s

图 5.12　冷却速度对光学显微组织的影响

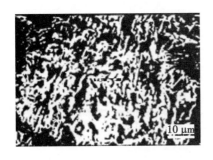
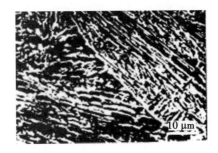

(a)1 ℃/s   (b)6 ℃/s

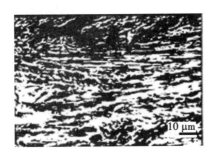

(c)8 ℃/s

图 5.13 冷却速度对 SEM 显微组织的影响

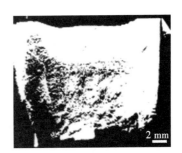

(a)-1 ℃/s   (b)-8 ℃/s

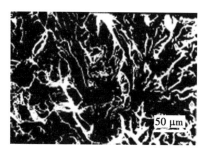 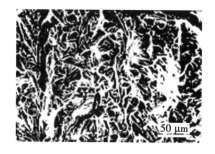

（c）-1 ℃/s   （d）-80 ℃/s

图 5.14　冷却速度对冲击断口的影响

参照图 5.12 和图 5.13 范围内不同冷却速度下 SBL 钢的显微组织形貌及图 5.14 冷却速度对冲击断口组织形貌的影响来看，冷却速度过大，会产生韧性较差的羽毛状上贝氏体组织；冷却速度过小，会使冲击断口剪切唇消失，由韧性断口变为脆性断口。所以，为了得到综合力学性能良好的粒状贝氏体组织，冷却速度范围为 $2 \sim 6$ ℃/s。

5.4　本章小结

① 随着加热温度的升高，SBL 钢的强度、韧性和硬度降低而塑性提高。

② 不同的终轧温度对 SBL 钢的力学性能会产生一定程度的影响：在奥氏体未再结晶区轧制，随终轧温度的降低，强度、面缩率有所提高，硬度、韧性和延伸率降低。

③ 轧后控制冷却速度使 SBL 钢室温组织为贝氏体组织是提高综合强韧性能的关键。

6 变形制度对贝氏体型非调质钢
组织性能的影响

本章将在前面工作的基础上,利用 Gleeble1500 热模拟试验机,研究控轧控冷工艺参数中变形程度、变形速率对 SBL 非调质钢组织和强韧性的影响,并结合温度制度的影响因素,最终制定出合理的 SBL 钢控轧控冷工艺制度。

6.1 试验方案

6.1.1 试验方法

与第 5 章类似,参照 SBL 钢的动态 CCT 曲线[127]和 SBL 钢的现行生产工艺,在研究不同工艺参数的影响时,仅对要研究的工艺参数进行改变,其他参数不变。具体工艺如表 6.1 所列。

表 6.1 控轧控冷工艺参数试验方案

影响因素	加热温度 /℃	终轧温度 /℃	变形程度	变形速率 /s⁻¹	冷却速度 /(℃·s⁻¹)
变形程度	1100	900	0 5% 10% 15% 20%	1	1
变形速率	1100	900	15%	0.3 1 5 10	1

6.1.2 试验材料

试验材料为抚顺特殊钢(集团)有限责任公司连轧生产线生产的 SBL 钢,轧后空冷状态。

6.1.3 热模拟试样

综合考虑热模拟试验及随后力学性能测定的要求,将热模拟试样尺寸 定为:11 mm×11 mm×100 mm。

6.2 试验过程

6.2.1 热模拟试验

11 mm×11 mm×100 mm 试样中心部位焊接热电偶，以测定试样的实际温度，试样用特定的锤头夹持，按照如表 6.1 所列的不同工艺制度对试样进行热模拟试验。

6.2.2 力学性能的测试

将热模拟试验试样按照 GB/T 229—1994 标准制成冲击韧性试样，在 300 J 冲击试验机上做室温冲击试验；按照 GB 6397—1986 标准制成拉伸试样，在拉伸试验机上做室温拉伸试验。因此，本次热模拟试验试样的变形区集中在试样中间部位(变形区长度取为 30 mm)。为了保证试验数据的准确性，在加工冲击和拉伸试样时，做到冲击和拉伸试样的中心与热模拟试验试样的中心位置重合，以便保证冲击和拉伸试验的工作部分为热模拟试样的变形部分。

6.2.3 组织检验

沿热模拟试样与长轴垂直的中心部位切开，进行组织观察。分别在光学显微镜及 SEM 显微镜上进行分析。

6.3 变形制度对 SBL 非调质钢组织性能的影响

6.3.1 变形程度的影响

在研究变形程度的影响时,变形温度为 900 ℃(即奥氏体未再结晶区),在此区域轧制时,虽然不要求各道次的变形程度大于临界变形程度,但要保证总变形程度足够大,这样才能充分发挥细化的作用;同时,防止混晶的出现。

图 6.1 为变形程度对力学性能的影响。从图 6.1 中可以看出,随着变形程度的增加,强度指标略有下降,塑性指标略有提高,而硬度和韧性都是随着变形程度的增加先降后升。结合不同变形程度下 SBL 钢的显微组织形貌可知,如图 6.2 和图 6.3 所示,在变形量为零时,力学性能指标中塑性指标偏低,这主要是没有变形的相变组织晶粒粗大造成的。当变形量小于 0.1 时,即使增加变形程度,但因总变形量不够,导致相变组织中晶粒大小不一,贝氏体组织中存在大量的上贝氏体,材料的冲击韧性不高。只有当变形程度超过 0.1 时,才能够使材料得到具有细小粒状贝氏体的组织,并且随着变形量的增大,贝氏体岛状组织细化,使综合力学性能提高。

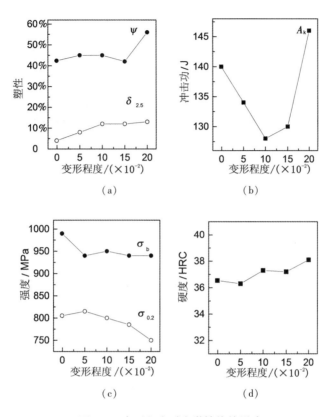

图 6.1　变形程度对力学性能的影响

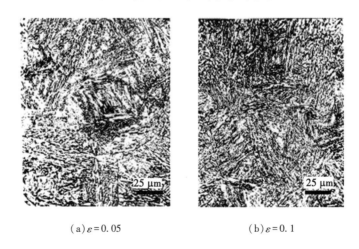

(a) $\varepsilon = 0.05$ 　　　　　　　(b) $\varepsilon = 0.1$

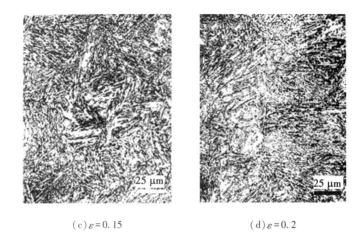

（c）$\varepsilon = 0.15$ （d）$\varepsilon = 0.2$

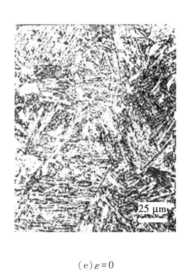

（e）$\varepsilon = 0$

图 6.2　变形程度对光学显微组织的影响

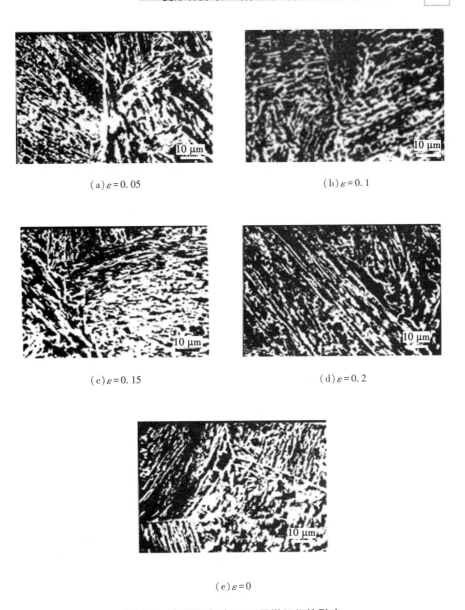

(a)$\varepsilon = 0.05$

(b)$\varepsilon = 0.1$

(c)$\varepsilon = 0.15$

(d)$\varepsilon = 0.2$

(e)$\varepsilon = 0$

图 6.3 变形程度对 SEM 显微组织的影响

从总体上说，在奥氏体未再结晶区进行变形时，变形程度越大，相变后形成的晶粒就越细小，得到的综合力学性能就越好。所以，终轧变形程度不应小于10%，而且应该尽可能地取大些。

6.3.2 变形速率的影响

变形速率对SBL钢力学性能的影响见图6.4，从图中可知，变形速率对力学性能的影响没有一定的规律性，它对于强度和韧性指标影响不大。由图6.5和图6.6不同变形速率下SBL钢的显微组织形貌可见，在不同的变形速率下，SBL钢的显微组织变化不是很明显，均为晶粒度大致相当的粒状贝氏体组织。

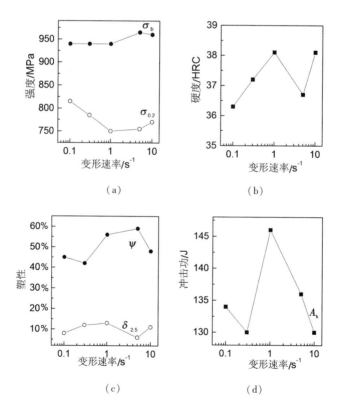

图6.4 变形速率对力学性能的影响

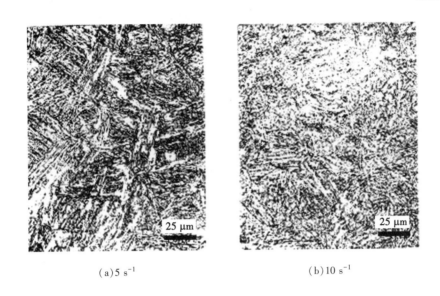

(a)5 s⁻¹   (b)10 s⁻¹

图 **6.5** 变形速率对光学显微组织的影响

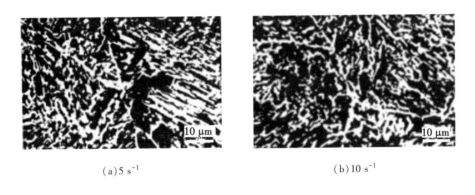

(a)5 s⁻¹   (b)10 s⁻¹

图 **6.6** 变形速率对 **SEM** 显微组织的影响

6.4 SBL 非调质钢控轧控冷工艺的确定

SBL 非调质钢控轧控冷工艺参数确定见表6.2。

表 6.2 最佳控轧控冷制度

加热温度 /℃	终轧温度 /℃	终轧变形量	轧后冷却速度 /(℃·s⁻¹)
1050~1100	850~900	10%~15%	2~6

6.5 本章小结

① 在 SBL 钢奥氏体未再结晶区,终轧变形量越大,强韧性能越好。

② 变形速率对 SBL 钢综合力学性能的影响不明显。

③ 经试验确定 SBL 钢的最优控轧控冷工艺为:1050~1100 ℃加热,终轧 850~900 ℃,终轧变形量应大于 10%,轧后以 2~6 ℃/s 的速度冷却。

7　SBL 非调质钢控轧控冷工艺现场实施的探讨

控轧控冷工艺因具有效率高、成本低等优点,目前已经广泛地应用于各种塑性加工领域,并取得了显著的效果。抚顺特殊钢(集团)股份有限责任公司从国外引进的 24 架连轧机组,在设备上已具有国际先进水平,但与先进的设备相配套的生产工艺制度还应做进一步的研究。本书所研究的 SBL 钢是该连轧生产线目前生产的具有代表性的钢种之一。通过对 SBL 钢种控轧控冷工艺的研究,可以取消现有的为提高成品韧性而进行的常规轧后回火处理制度,达到提高钢材质量、降低生产成本、提高经济效益的目的。

7.1　SBL 非调质钢现行轧制工艺

抚顺特殊钢(集团)股份有限责任公司从意大利 POMINI 公司引进 20 万吨棒线材生产线和瑞典 ABB 公司自动化系统,整条生产线具有 20 世纪 90 年代国际先进水平。这条生产线主要用于生产(如汽车齿轮用钢、轴承用钢、抽油杆用钢等)批量较大、产品内外质量要求较高的棒材。连轧生产线布置如图 7.1 所示。

图 7.1　连轧生产线布置图

1—加热炉；2—水除鳞；3—保温罩；4—保温辊道；5—感应加热；

6,7,8—穿水冷却装置；9—冷床

SBL 钢现行生产工艺流程图如图 7.2 所示。

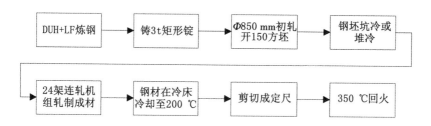

图 7.2　SBL 钢生产工艺路线

具体轧制工艺规程如下。

① 加热温度：1100～1150 ℃；

② 终轧温度：920～970 ℃；

③ 轧后冷却方式：空冷；

④ 钢材低温回火制度：350 ℃（±10 ℃）×3 h。

经常规轧制的 SBL 钢，强度较高而韧性不足，为得到强韧性配合良好的成品，采用 350 ℃低温回火工艺处理，目的是消除钢材的内应力，在牺牲强度的条件下使其韧性提高，图 7.3 为 SBL 钢经轧后回火的显微组织形貌。此工艺的缺点是生产周期长、能耗高，增加了成品的总体成本。我们拟采用控轧控冷工艺在连轧生产线上生产出高强韧性的低碳贝氏体型 SBL 非调质钢，以替代现有的轧制工艺。

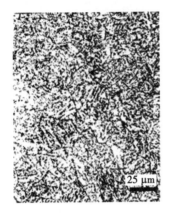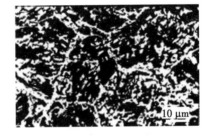

(a)光学显微组织　　　　　　　(b)SEM 显微组织

图 7.3　SBL 钢的轧后回火组织

7.2　SBL 钢现行回火工艺

7.2.1　现行回火工艺影响统计

对 20 炉 SBL 钢的热轧状态及回火处理钢材性能结果的统计分析见图 4.2。

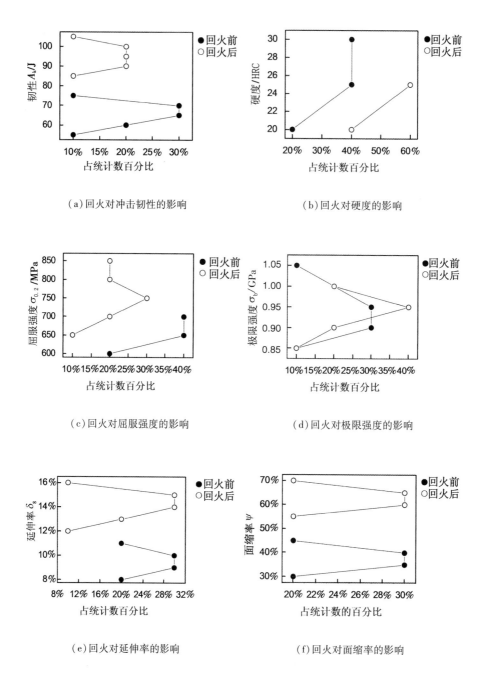

（a）回火对冲击韧性的影响

（b）回火对硬度的影响

（c）回火对屈服强度的影响

（d）回火对极限强度的影响

（e）回火对延伸率的影响

（f）回火对面缩率的影响

图 7.4　SBL 钢回火前后力学性能对比

从图7.4中回火前后的力学性能对比可以看出,回火工艺对钢材屈服强度、断面收缩率、延伸率、韧性均有不同程度的提高,硬度和极限强度略有降低。这是因为在350℃进行的回火属于低温回火,低温回火主要是消除钢材的内应力,对于经空冷处理的贝氏体型钢(如本书研究的SBL钢)则常用回火处理来调整其组织和性能。

7.2.2　回火工艺对力学性能的影响

在生产中根据材料的材质、使用和性能要求将回火温度分为三类,即低温回火(150~350℃)、中温回火(350~500℃)和高温回火(大于500℃)。

(1)低温回火

低温回火时,马氏体发生分解,析出ε/η碳化物而成为回火马氏体,内应力得到部分消除,因此,低温回火可以在很少降低硬度的同时使钢的韧性明显提高。

(2)中温回火

可得到回火屈氏体,主要用于各种弹簧钢,使钢获得最高的弹性极限。

(3)高温回火

钢经高温回火后,得到由铁素体和弥散分布于其中的细粒状渗碳体组成的回火索氏体组织。在强度相等时,回火索氏体的塑性和韧性有很大的提高[124-134]。

贝氏体钢具有良好的强度与韧性匹配[129],同一强度级别的条件下,贝氏体组织的冲击韧性常常高于回火马氏体。与马氏体相比,高碳下贝氏体还具有良好的强度、塑性及高的扭转屈服强度。

金属材料的力学性能，一般总是与构成它的组织组成的类别、形态、尺寸大小、分布状况及亚结构等相联系。对于贝氏体来说，其组成物十分复杂，要想得到单一类型的贝氏体十分困难。

对合金钢的贝氏体转变而言，当冷却速度增大时，可得到较多的下贝氏体组织；冷却速度减小，则出现上贝氏体以至粒状组织。对于贝氏体及其共存组织的回火过程，基本上可以概述为贝氏体、铁素体、碳化物和 M-A（或残余奥氏体膜）三类组成物的变化[135-137]。

贝氏体、铁素体和马氏体都是碳在 α-Fe 中的过饱和固溶体，其差别仅在于它们的过饱和碳量有所不同，因此，可以推断贝氏体铁素体回火时的变化基本上也遵循低碳马氏体回火转变的规律，即碳的偏聚、铁素体的分解、碳化物的析出和聚集长大及铁素体的回复和再结晶等过程。

在回火后的贝氏体中，含有从铁素体中析出的和原贝氏体中的两类碳化物。在回火过程中，除其数量、分布和形貌会发生变化外，还可能有类型的转变。

在回火过程中，这些马氏体和残余奥氏体将会发生分解或转变，有些钢在形成贝氏体的同时，未转变奥氏体竟达到 25%~30%，而残余奥氏体也会达到 15%~20%。

7.2.3　回火工艺对贝氏体显微组织的影响

图 7.5 为抚钢生产的 SBL 钢回火前后组织对比。从 SBL 钢回火前后光学显微组织照片［图 7.5(a)(b)］来看，组织上没有太大的变化，而从扫描电镜照片［图 7.5(c)(d)］来看，回火前后的组织还是有所变化的。主要表

现为回火前的组织[图 7.5(c)]中的粒状贝氏体和上贝氏体形态不是很完整，经过回火后，组织间的晶界变得清晰，晶粒也细小均匀化。

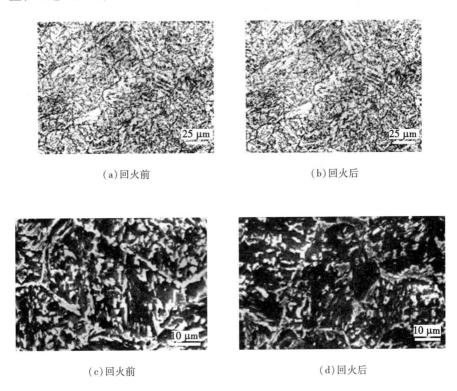

（a）回火前　　　　　　　　　　　（b）回火后

（c）回火前　　　　　　　　　　　（d）回火后

图 7.5　SBL 钢回火前后显微组织对比

7.3　SBL 钢现行回火工艺的改进方法

　　SBL 钢现行生产工艺中的回火工艺，主要是解决力学性能指标中延伸率指标偏低的问题。在制定这一工艺时，考虑到伴随着中温转变产物的形成及温度的降低，钢材内部会形成较大的组织应力和温度应力。应力的作用使钢材强化，同时对韧性、塑性会有一定的损害。

由图 7.4 的统计可以看出，低温回火制度对 SBL 钢的力学性能影响很大，尤其是对于塑性指标的提高效果十分显著。这主要是因为在加工过程中的加工硬化是不可避免的，而回火消除加工硬化的过程，也是塑性恢复的过程。

本书所研究的 SBL 钢组织中，应有一定数量的粒状贝氏体组织，才能达到标准要求的力学性能指标。粒状贝氏体的形成温度在 300~600 ℃，这就要求控制冷却的终止温度低于 300 ℃，也就是说，加工造成的加工硬化及应力难以避免。

但是，从上述分析可以看出，现行 SBL 钢的生产制度中的低温回火工艺主要是去除加工过程中的应力；同时，对成材组织具有一定的调整作用，经过低温回火后，组织变得完整、均匀、细小。通过第 3 章的研究可知，按照不同的工艺条件进行控轧时，可以得到不同的组织，进而得到不同的力学性能组合。也就是说，按照最佳的控轧控冷工艺进行控轧控冷，可以得到回火后的成材组织，这样就可以省去回火工艺。

从目前抚钢连轧生产线来看，实际生产中按照最佳生产工艺进行控制轧制与控制冷却时，终轧温度、冷却速度、终冷温度在控制上都有一定的困难，特别是控制轧制温度和冷却速度尤为困难。在目前抚钢连轧生产线控制轧制与控制冷却手段不具备的前提下，可以考虑对 SBL 钢进行成分微调，以增加贝氏体转变区域，使生成贝氏体的冷却速度范围更宽，减小控制冷却速度的难度。

所以说，不经回火去除应力和加工硬化，可以考虑用以下两种方法代替回火过程达到要求的力学性能指标。

① 按照最佳生产工艺制度进行控制轧制与控制冷却。

② 添加微合金元素,对 SBL 钢进行微合金调整。

7.3.1 按照最佳工艺制度控制轧制与控制冷却

为去除 SBL 钢现行工艺过程中的回火工艺,按照第 3 章不同控轧控冷工艺参数对力学性能的影响规律,制定最佳控制轧制与控制冷却工艺制度,如表 7.1 所列。

表 7.1 SBL 钢最佳控制轧制与控制冷却工艺参数

工艺参数		
	加热温度	1100 ℃
轧制规程	终轧变形程度不小于 15%,并尽可能大些	
	终轧温度	900 ℃
	冷却速度	5 ℃/s
	终冷温度	200 ℃

7.3.2 SBL 钢的成分微调

对贝氏体钢进行成分微调时必须符合以下一些原则[57]。

① 在一个相当宽的冷速范围里能得到以贝氏体为主的组织。需要加入一些合金元素,使得奥氏体冷却转变曲线(CCT)上铁素体-珠光体区和贝氏体区明显分开,并使铁素体开始析出线显著右移,贝氏体区则右移程度不大,从而表现相对地向左突出,这样才能保证在一个相当宽的冷速范围内获得贝氏体为主的组织。

② 在保证提高强度的同时，使之具有良好的韧性。对此，应合理选择合金元素，既要充分发挥合金元素对基体的强化作用，又要不至于达到损害韧性的程度。

③ 具有良好的工艺性，除热处理性能外还包括可焊接性和成型性。

④ 钢种价格低廉。

从加入合金元素对贝氏体区的形态考虑，加入 Mo 能使铁素体-珠光体转变大大推迟和使铁素体-珠光体与贝氏体 C 形曲线分开，加入微量 B（0.002%）可有效地推迟铁素体开始析出线。当 B 和 Mo 联合加入时，这种效果更为显著，更加增大了获得贝氏体的可能性[134]。

从非调质钢成分调整的角度上考虑，可添加微量的 V，Nb，Ti 等合金元素，通过这些元素的沉淀强化、细晶强化及珠光体强化的作用，达到在锻或热轧后空冷就可获得预期的力学性能要求。

V 是非调质钢中的主要添加元素，在常规锻造温度下，它完全溶入奥氏体中，故利用率高，沉淀强化效果最大，但 V 有抑制贝氏体生成的作用。

Nb 的碳化物颗粒溶解温度较高，细化晶粒和阻止再结晶晶粒长大能力较强，因而，其细晶强化作用较为显著，Nb 微合金化的非调质钢锻造温度范围很窄，很容易出现性能不稳定。

Ti 的作用与 Nb 相似，但其溶解温度比 Nb 高，故而细化晶粒作用比 Nb 强，Ti 的化合物在普通加热条件下不固溶，仍以 Ti（C，N）形式存在，不仅阻止了奥氏体晶粒长大，还夺取了钢中的 C，使韧性提高。

一般情况下，这些元素都是组合加入的，如 V-Ti 钢的强韧性高于钒钢的强韧性，这是因为钒钢在一般的锻造加热温度下（1050～1150 ℃），钢中钒碳氮化合物几乎完全溶于奥氏体中，无抑制晶粒长大的能力。另外，由于此钢的 Mn、Cr 含量较高，奥氏体较稳定，易于发生贝氏体相变，贝氏体相变抑制了 V 的碳氮化合物析出，使 V 的析出强化作用未发挥出来，故其强度和硬度较低。而粗大的奥氏体晶粒导致碳化物沿晶析出，以及粗大的上贝氏体，从而使其韧性降低。Ti 则不然，在一般的锻造加热条件下，足够的未溶碳化物或碳氮化合物通过钉扎晶界，细化奥氏体晶粒并作为先共析铁素体的形核核心而起韧化作用，提高钢的韧性，同时 Ti 有促进贝氏体形成的作用，从而使钢获得细小的贝氏体组织。

综上所述，对现有的 SBL 钢可以在以下两方面进行成分微调。

① 在现有的 SBL 钢成分的基础上加入适当的 V，以充分发挥 V-Ti 合金的综合作用。

② 为了充分发挥 B 的作用，适当地加入 Mo，以推迟铁素体-珠光体转变，加大贝氏体转变区。

另外，在进行成分微调的过程中，应从经济的角度考虑，添加适量的 V 和 Mo，既能达到预期的目的，又尽量控制成本的增加，这些都有待于做进一步的研究。

7.4 SBL 非调质钢控轧控冷工艺现场实施的可能性

本书以 SBL 钢的典型规格 $\Phi 19$ mm 棒材生产为例，说明控制轧制与控制冷却在连轧生产线上实施的可能性。

7.4.1 温度参数控制

温度参数包括轧件的加热温度、冷却开始温度和冷却终了温度、终轧温度[122]及冷却速度。

钢材的加热温度是实现控制轧制的第一步，对钢材获得合适的组织结构和最佳性能有重要的作用。钢在轧前进行加热时，可进行碳氮化物(或氮化物)的溶解和奥氏体晶粒的长大两个过程。轧前奥氏体晶粒尺寸主要取决于加热温度和形成碳化物的微量合金元素的含量。所以，要求准确控制轧件的加热温度，并保证有适当的保温时间。

轧制温度通过影响轧件在轧制过程中的动态回复、动态再结晶来影响轧制过程中组织形态。动态回复和动态再结晶作为软化手段，不仅可以影响轧制时的轧制力，而且还为终轧准备组织，但在连轧生产线上，由于各道次间的时间间隔很短，没有充足的时间进行再结晶过程，这方面的影响也就变小。

终轧温度是控制轧制与控制冷却工艺中一个非常重要的控制因素，终轧温度对成品组织的影响十分明显。按照表7.1所提供的终轧温度，属于奥氏体再结晶区轧制，但按照成材的力学性能对组织的要求，终轧温度应该在奥氏体未再结晶区，这样才能使成材获得综合力学性能良好的组织组成。

轧后的冷却速度对钢材的强韧性能有明显的影响，当冷却速度较低时，铁素体晶粒粗大，这时组织的屈服极限变低，脆性转变温度较高。冷却速度过大时，一般产生马氏体组织，实际相变过程类似于淬火，钢材的韧性变

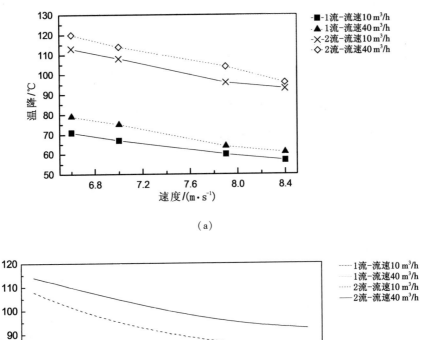

（a）

（注：每个直径所对应的温降，是在不同冷却速度下的平均值）

（b）

图 7.6 第 20 机架后的 2# 水冷箱平均冷速（冷水管直径 40 mm）

差。对于不同的钢种，采用不同的冷却速度，可以得到不同的组织，进而达
到不同的力学性能指标[124]。在连轧生产线上，轧制后的控制冷却设备仅仅
有保温罩，这对于控制轧后的不同冷却速度还很不够，如在 SBL 钢的生产
过程中，最佳的冷却速度为 6 ℃/s，这种冷却速度应通过吹风才能达到。所

以说，为了控制轧后的冷却速度，应该增加一些必备的设备。

为了实现温度参数的要求，可以利用连轧机组中位于第16，22，24机架后的穿水冷却装置，调整轧件的终轧温度。按照POMINI公司提供的$2^{\#}$水冷箱有关数据(图7.6)，不同尺寸规格、不同轧制速度的钢材温降不同。可以针对不同的钢种、尺寸规格、轧制速度对温度参数进行控制，以达到轧制的各个阶段对温度的要求。

7.4.2　变形程度参数控制

变形程度参数包括总变形程度、道次变形程度(特别是终轧道次变形程度)和变形速率等。

在连轧生产线上，按照现有的轧机孔型，轧制$\Phi19$ mm圆材时，总变形程度为36.16%，这样的总变形程度足以达到再结晶区进行轧制的要求，并且可以看成在再结晶区进行反复轧制，为终轧道次提供了细小的奥氏体组织。终轧道次的变形程度为15.5%，当终轧温度大于950 ℃时，可能达不到临界变形程度，所以会因部分晶粒没有进行再结晶而导致混晶的出现。从控轧控冷的角度考虑，应该在950 ℃以下温度进行几道次的轧制，并保证终轧温度在900 ℃左右，以发挥多道次轧制的变形量对晶粒细化能起到的叠加效应。如果发挥连轧机组中冷却水箱的作用，以上要求并不难实施。

在控制轧制过程中，一般随变形程度的增加，晶粒变细，从而使钢材的强度升高，脆性转变温度下降。这就说明为了得到综合力学性能良好的钢材，应该加大终轧的变形程度。但对于连轧生产线来说，因孔型为成套设计，不易改变，很难实现这一点。

变形速度主要是影响动态再结晶的产生，与其他因素相比，对组织的影响作用要小得多，在此不予考虑。

7.4.3　时间参数控制

时间参数包括道次间的间隙时间、变形终了到开始急冷的时间等。这些参数通过调整轧机的转速、进冷床的时间、出冷床的时间，很容易满足要求。

7.5　控轧控冷后的组织性能

SBL 钢经控轧控冷后的典型组织形貌如图 7.7 所示，所采用的控轧控冷工艺为：加热温度为 1050 ℃，终轧温度为 900 ℃，终轧变形量为 0.15，变形速率为 0.33 s^{-1}，轧后冷速为 4 ℃/s。经控轧控冷工艺处理后，SBL 钢得到了均匀细小的粒状贝氏体组织。

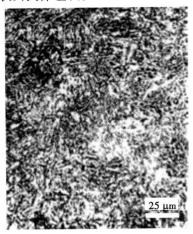

25 μm

(a)光学显微组织

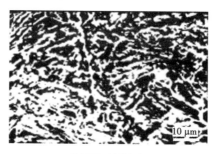

（b）SEM 显微组织

图 7.7　SBL 钢经控轧控冷后的显微组织

贝氏体的 TEM 显微组织形貌见图 7.8。

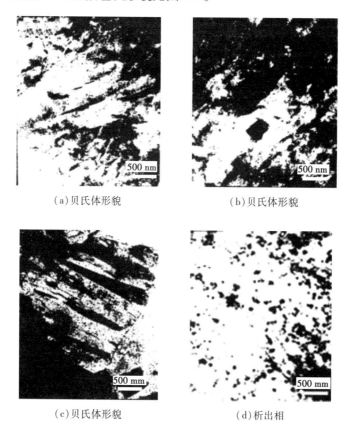

（a）贝氏体形貌　　　　　　　　（b）贝氏体形貌

（c）贝氏体形貌　　　　　　　　（d）析出相

图 7.8　SBL 钢控轧控冷工艺的 TEM 形貌

经控轧控冷后 SBL 钢的力学性能如表 7.2 所列, 完全达到美国 APIspec-11D 级杆的标准。

表 7.2 控轧控冷后的力学性能

力学性能	σ_s /MPa	σ_b /MPa	δ_8	ψ	A_K /J	HRC
美国 APIspec-11D 级杆标准	≥620	≥794	≥10%	≥45%	≥49	20~28
控轧控冷	685~815	910~990	10%~14%	48%~62%	58~133	29~35

可见, 控轧控冷通过相变强化、细晶强化和沉淀强化等综合作用, 完全可以替代常规轧后回火工艺使成品得到良好的综合机械性能。

7.6 本章小结

控轧控冷代替常规轧后回火工艺的途径是可行的, 生产的 SBL 非调质钢具有细小均匀的粒状贝氏体组织, 并且综合力学性能良好。

8 结 论

本书在对控轧控冷工艺、贝氏体型非调质钢的发展及应用等方面进行综合评述的基础上，以 Mn-B 系低碳贝氏体型 SBL 非调质钢为对象，考虑控轧控冷工艺特点，研究了控轧控冷对试验用钢相变及其贝氏体转变产物力学性能的影响，得出如下结论。

① 采用单道次压缩变形，研究了变形温度、变形速率对 SBL 非调质钢奥氏体动态再结晶行为的影响。根据 SBL 钢不同试验条件下的真应力-真应变曲线可知，动态再结晶发生在较高的变形温度和较低的应变速率下，并随变形温度的降低和应变速率的增加，发生再结晶的临界应变值增大。当变形温度足够低时再结晶被抑制。对 SBL 钢 RTT 曲线的研究结果表明，在试验给定的变形条件下没有发生应变诱导析出。

② 采用双道次压缩方法，研究了变形温度和变形程度对 SBL 非调质钢奥氏体热变形后静态再结晶行为的影响和应变诱导析出行为。发现温度是影响静态再结晶发生的最主要因素，随着变形温度的降低，再结晶难以进行，当变形温度降低到一定程度，再结晶将终止。在其他因素不变的前提下，形变量越大，再结晶速率越快。由于存在微合金元素的应变诱导析出，对静态再结晶起到抑制作用，SBL 钢的软化率曲线出现平台。

③ 在 Gleeble1500 热模拟试验机上应用应力松弛法测定了微合金碳氮化物沉淀析出行为，结合透射电镜观察，确定了 SBL 钢在奥氏体中应变诱发析出规律并得出结论：SBL 钢的沉淀析出 PTT 曲线是典型的 C 曲线形状，在一定的奥氏体化和形变条件下，沉淀发生具有一个最快析出温度，大致在 900~920 ℃；奥氏体预变形加速沉淀析出过程的进行，使 PTT 曲线向左上方偏移；随着预应变程度的增加，初始应力值增大，加速应力松弛速度。随应力松弛时间的延长，析出粒子逐渐增多且尺寸逐渐长大。

④ 采用膨胀法与金相法相结合的方式，对 SBL 非调质钢奥氏体的静态及动态连续冷却转变进行了试验研究，建立连续冷却转变曲线，分析形变对奥氏体连续冷却转变及室温显微组织的影响，得出以下结论：SBL 钢试验用钢未变形奥氏体的连续冷却转变曲线，不发生先共析铁素体析出的临界冷却速度为 0.7 ℃/s；冷却速度在 1~4.5 ℃/s 范围内可得到全部贝氏体组织；当冷却速度大于 4.5 ℃/s 时，不再有贝氏体生成，室温组织为马氏体和残余奥氏体。SBL 钢热变形奥氏体不发生先共析铁素体析出的临界冷却速度为 1.5 ℃/s；冷却速度在 1.5~7 ℃/s 范围内可得到全部贝氏体组织；当冷却速度大于 7 ℃/s 时，不再有贝氏体生成，室温组织为马氏体和残余奥氏体。奥氏体塑性形变有利于高温转变和中温转变，抑制马氏体转变。在贝氏体转变区域内，奥氏体形变和增大冷却速度均使粒状贝氏体的 M-A 小岛数量增加，尺寸减小。由此可以认为，SBL 钢贝氏体转变机制为扩散型转变。

⑤ 利用 Gleeble1500 热模拟试验机，研究控轧控冷工艺中温度制度（加热温度、终轧温度、冷却速度等）和变形制度（变形程度、累积变形、变形速

率)对 SBL 钢组织性能的影响，即随加热温度的升高，SBL 钢的强度、韧性和硬度降低而塑性提高；不同的终轧温度对 SBL 钢的力学性能会产生一定程度的影响，即在奥氏体未再结晶区轧制，随终轧温度的降低，强度、面缩率有所提高，硬度、韧性和延伸率降低。轧后控制冷却速度使 SBL 钢室温组织为贝氏体组织是提高综合强韧性能的关键。在 SBL 钢奥氏体未再结晶区，终轧变形量越大，强韧性能越好。累积变形与变形速率对 SBL 钢综合力学性能的影响不明显。

⑥ 经试验确定 SBL 钢的最优控轧控冷工艺为：1050～1100 ℃加热，终轧 850～900 ℃，终轧变形量应大于 10%，轧后以 2～6 ℃/s 的速度冷却。

⑦ 采用本书提出的控轧控冷工艺参数进行现场试验，得到强韧性配合良好的具有均匀粒状贝氏体组织的成品，完全达到美国 APIspec-11D 级杆的标准，成功地采用控轧控冷替代了轧后回火工艺，达到了简化工艺、降耗节能、降低成本的目的。

以上结论的取得为 SBL 非调质钢，以及其他类型的 HSLA 钢设计更为合理的控轧控冷工艺提供了明确的理论指导和试验依据。

参考文献

[1] 赵量.贝氏体型非调质钢[J].国外金属材料, 1987, 6(3): 1-6.

[2] 赵量.非调质钢的发展和第三代非调质钢[J].钢铁钒钛, 1990, 11 (1): 96-103.

[3] KUZIAK R M, CHENG Y W.Optimization of the ferrite-pearlite micro-structure of vanadium-treated medium-carbon steels by means of mathematical modeling of forging process[C] // Proceedings of the international conference on processing, microstructure and properties of microalloyed and other modern high strength low alloyed steels, 1991: 51-64.

[4] 赵量.高韧性非调质钢的研究和发展[J].国外金属材料, 1985, 4 (12): 1-8.

[5] 李智, 乔兵, 王国栋, 等.汽车用非调质钢及控轧控冷工艺[J].汽车工艺与材料, 1999, 2(3): 10-13.

[6] 方渝.非调质钢的合金设计与热加工工艺及性能[J].上海金属, 1996, 18(2): 23-28.

[7] 野村一卫, 协门惠洋.非调质钢の现状と动向[J].特殊钢, 1993, 42 (5): 9-14.

[8] NAYLORD J.Review of international activity on microalloyed engineering

steels[J].Ironmaking and steelmaking, 1989, 16(4)：246-252.

[9]　NKK(日本钢管).高强度锻造非调质钢の现状と动向(特集)[J].特殊钢, 1992, 42(5)：45-46.

[10]　GRASSL K J, THOMPSON S W, MATLOCK S W, et al.Toughness of medium-carbon forging steels with direct cooled bainitic microstructures [J].Iron and steel society, 1989, 12(10)：22-25.

[11]　HEIMANN W E, BAHU B P.Influence of bainite in the microstructure on tensile and toughness properties of microalloyed steel bars and forgings [J].Foundamentals of microalloying forging steels, 1987, 10(2)：55-72.

[12]　KATSUMATU M, ISHIYAMA O, INOUC T, et al.Microstructure and mechanical properties of bainite containing martensite and retained austenite[J].Low carbon HSLA steels, 1991, 8(3)：715-728.

[13]　吴晓春.易切削非调质塑料模具钢的研究[D].武汉：华中理工大学, 1995：42.

[14]　吴晓春, 周宏, 娄德春, 等.易切削非调质塑料模具钢的研究[J].钢铁研究学报, 1996, 8(1)：20-24.

[15]　孙福玉.控轧贝氏体钢的发展[J].材料科学进展, 1988, 2(3)：17-21.

[16]　YANG J R, HUANG C Y, WANG S C.The development of ultra-low-carbon bainitic steels[J].Materials & design, 1992 13(6)：335-342.

[17]　YAMAOTO S, YOKOYAMA H, YAMADA K, et al.Effect of the austenite grain-size and deformation in the unrecrystallined austenite region on bainitie transformation behavior and microstructure[J].ISIJ international,

1995, 35(8)：1020-1026.

[18] HUANG C Y, YANG J R, WANG S C.Effect of compressive deformation on the transformation behavior of an ultra low carbon bainitic steel[J]. Materials transactions JIM, 1993, 34(8)：658-668.

[19] BABBIT M, VALETTE P, RIGAUT G.Development of a new bainitic steel with very high yield strength at SOLLAC[C]∥Proceedings of the international conference on processing, microstructure and properties of microalloyed and other modern high strength low alloyed steels, 1992.

[20] 陈蕴博.汽车连杆用非调质钢及其控锻控冷技术[J].国外金属热处理, 1997, 2(1)：32-35.

[21] 李凤照, 敖青, 孟凡妍, 等.贝氏体钢中贝氏体铁素体精细孪晶[J]. 材料热处理学报, 2001, 22(2)：5-8.

[22] 吕炎.锻件组织性能控制[M].北京：国防工业出版社, 1988：400.

[23] TANAKA T.Controlled rolling of steel plate and strip[J].International metals reviews, 1981, 4(3)：185-212.

[24] 田村今男.高强度低合金钢的控制轧制和控制冷却[M].北京：冶金工业出版社, 1992：1.

[25] 王占学.控制轧制和控制冷却[M].北京：冶金工业出版社, 1989：34.

[26] 王有铭, 李曼云, 韦光.钢材的控制轧制和控制冷却[M].北京：冶金工业出版社, 1995：68.

[27] 李曼云, 孙本荣.钢的控制轧制和控制冷却技术手册[M].北京：冶金工业出版社, 1990：42.

[28] ROBERTS W.Recent innovations in alloy design and processing of micro-alloyed steels[C]//International conference on technology & applications HSLA steels, 1984.

[29] ZAJAC S, SIWECKI T, HUTCHINSON B.Recrystallization controlled rolling and accelerated cooling for high strength and toughness in V-Ti-N steels[J].Metallurgical transactions, 1991, 22(11): 2681-2694.

[30] PUSSEGODA L N, YUE S, JONAS J J.Laboratory simulation of seamless tube piercing and rolling using dynamic recrycrystallization schedules[J]. Metallurgical transactions, 1990, 21(1): 153-164.

[31] CHOO W Y, LEE S W.Development of RCR-processed Ti Nb-steel for shiphull structural application[C]//Proceeding of the international symposium on high performance structural steels, 1995.

[32] PAULES J R, HANSEN S S, 杨旭辉.热轧结构钢的加速冷却技术[J]. 武钢技术, 1989, 10: 42-48.

[33] GRAF M K, HILLENBRAND H G, NIEDERHOFF K A.Production of large diemeter linepipe and bends for the worlds first long range pipeline in gradeX80(GRS550)[C]//Proceedings of 8th symposium on line pipe research, 1993.

[34] DEARDO A J.Accelerated cooling: a physical metallurgy perspective[J]. Canadian metallurgical quarterly, 1988, 27(2): 141-154.

[35] KHALID F A, GILROY D A, EDMONDS D V.Role of forging parameters on the microstructure and mechanical properties of microalloyed engineer-

ing steels[C]//Proceedings of the international conference on processing, microstructure and properties of microalloyed and other modern high strength low alloyed steels, 1991: 67-88.

[36] KASPAR R, MAHMOUND N.Austenite grain growth during hot forging of medium carbon engineering steels with or without V-Ti microalloying[J]. Materials science and technology, 1991, 7: 249-254.

[37] GARCIA C I, LIS A K, MAGUDA T M, et al. A new microalloyed, multi-phase steel for high strength forging application[C]//Proceedings of the international conference on processing, microstructure and properties of microalloyed and other modern high strength low alloyed steels, 1991: 395-400.

[38] PARSONS S A, EDMONDS D V.Microstructure and mechanical properties of medium-carbon ferrite-pearlite steel microalloyed with vanadium [J].Materials science and technology, 1987, 3: 894-904.

[39] CHENG Y W.Continuos-cooling-transformation diagrams of a Nb-treated SAE 1141 steel[C]//Proceedings of the international conference on processing, microstructure and properties of microalloyed and other modern high strength low alloyed steels, 1991: 223-234.

[40] NADKARNI M M, BOYD J D.Austenite transformation kinetics in microalloyed spring steels[C]//Proceedings of the international conference on processing, microstructure and properties of microalloyed and other modern high strength low alloyed steels, 1991: 235-245.

[41] PICKERING F B, GARBARZ B.Strengthening in pearlite formed from thermomechanically processed austenite in vanadium steels and implications for toughness[J].Materials science and technology, 1989, 5: 227-237.

[42] OLLIAINEN V, HURMOLA H, PONTINEN H.Mechanical properties and machinability of a high strength, medium carbon, microalloyed steel [C] // International conference on technology & applications HSLA steels, 1984: 1101-1114.

[43] HULKA K, BERGMANN B, HEISTERKAMP F, et al.Development trends in high strength structural steels[C] //Proceedings of the international conference on processing, microstructure and properties of microalloyed and other modern high strength low alloyed steels, 1991: 177-187.

[44] DUTTA B, VALDES E, SELLARS C M.Mechanism and kinetics of strain induced precipitation of Nb(C, N)in austenite[J].Acta metallurgica, 1992, 40(4): 653-662.

[45] ARONSON H I, TANASKA M, SEKINE T, et al.Influence of the structure and chemistry of γ: α boundaries upon grain boundary allotromorph growth kinetics and composition in Fe-C and Fe-C-X Alloys[C] //Thermec 88 international conference on physical metallurgy of thermomechanical processing of steel and other metals, 1988: 80-89.

[46] KOJIMA A, WATANABE Y, YOSHIE Y T, et al.Ferrite grain refinemrnt by large reduction per pass in non-recrystallization temperature re-

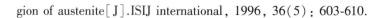

gion of austenite[J].ISIJ international, 1996, 36(5): 603-610.

[47]   UMEMOTO M, GUO Z H, TAMURA I.Effect of cooling rate on grain size of ferrite in a carbon steel[J].Materials science and technology, 1987, 3: 249-255.

[48]   PRIESTNER R, HODGSON P D.Ferrite grain coarsening during transformation of thermomechanically processed C–Mn–Nb austenite[J].Materials science and technology, 1992, 8: 849-854.

[49]   BENGOCHEA R, PEZ B L, GUTIERREZ I.Microstructural evolution during the austenite-to-ferrite transformation from deformed austenite[J]. Metallurgical transactions, 1998, 29(2): 417-426.

[50]   CUDDY L J.Grain refinement of Nb steels by control of recrystallization during hot rolling[J].Metallurgical transactions, 1984, 15(1): 87-98.

[51]   CUDDY L J.Microstructures developed during thermomechanical treatment of HSLA steels[J].Metallurgical transactions, 1981, 12(7): 1313-1320.

[52]   BODNAR R L, HANSEN S S.Effect of austenite grain size and cooling rate on Widmanstätten ferrite formation in low-alloy steels[J].Metallurgical transactions, 1994, 25(4): 665-676.

[53]   BODNAR R L, HANSEN S S.Effects of Widmanstätten ferrite on the mechanical properties of 0. 2Pct C–0. 7Pct Mn steel[J].Metallurgical transactions, 1994, 25(4): 763-773.

[54]   PERELOMA E V, BOYD J D.Effects of simulated on line accelerated

cooling processing on transformation temperatures and microstructure in microalloyed steels, part 1: strip processing[J].Materials science and technology, 1996, 12(10): 808-817.

[55] PERELOMA E V, BOYD J D.Effects of simulated on line accelerated cooling processing on transformation temperatures and microstructure in microalloyed steels, part 2: plate processing[J].Materials science and technology, 1996, 12(12): 1043-1051.

[56] DEBRAY B, TERACHER B, TERACHER P, et al.Simulation of the hot rolling and accelerated cooling of a C-Mn ferrite-bainite strip steel[J]. Metallurgical transactions, 1995, 26(1): 99-111.

[57] KNEISSL A C, GARCIA C I, DEARDO A J.Influence of processing on the nature of the precipitates in a microalloyed linepipe steel[C]//Proceedings of the international conference on processing, microstructure and properties of microalloyed and other modern high strength low alloyed steels, 1991: 145-152.

[58] ITMAN A, CARDOSO K R, KESTENBACH H J.Quantitative study of carbonitride precipitation in niobium and tatanium microalloyed hot strip steel[J].Materials science and technology, 1997, 13(1): 49-55.

[59] ARAKI T, SHIBATA K, NAKAJIMA H.Metallurgical aspects of micro-structures in advanced non-heat-treated type high strength low C steels [J].Materials science forum, 1994, 163(6): 75-80.

[60] KRAUSS G, THOMPSON S W.Ferritic microstructures in continuously

cooled low- and ultralow-carbon steels[J].ISIJ international, 1995(8): 937-945.

[61] THOMPSON S W, COLVIN D J, KRAUSS G.Continuous cooling transformations and microstructures in a low-carbon, high-strength low-alloy plate steel[J].Metallurgical transaction, 1990, 21(6): 1493-1507.

[62] LEE J L, WANG S C, CHENG G H.Transformation processes and products for C-Mn steels during continuous cooling[J].Materials science and technology, 1989, 5: 674-681.

[63] OHTANI S, OKAGUCHI S, FUJISHIROY, et al.Morphology and properties of low-carbon bainite[J].Metallurgical transaction, 1990, 21(3): 877-888.

[64] ARAKI T, ENOMOTO M, SHIBATA K.Microstructural aspects of bainitic and bainite-like ferritic structures of continuously cooled low carbon(< 0.1%)HSLA steels[J].Materials transactions JIM, 1991, 32(8): 729-736.

[65] HARRISON P L, FARRAR R A.Application of continuous cooling transformation diagrams for welding of steels[J].International materials review, 1989, 34(1): 35-51.

[66] THOMPSON S W, COLVIN D J, KRAUSS G.Austenite decomposition during continuous cooling of an HSLA-80 plate steel[J].Materials transactions JIM, 1996, 27(6): 1557-1571.

[67] MOU Y, HSU T Y.Bainite formation in low carbon Cr-Ni steels[J].Met-

allurgical transaction, 1986, 19(7): 1695-1701.

[68] BISS V, CRYDERMAN R L. Martensite and retained austenite in hot-rolled lower carbon bainitic steels[J]. Metallurgical transaction, 1971, 2: 2267-2276.

[69] BRAMFITT B L, SPEER J G. A perspective on the morphology of bainite [J]. Metallurgical transactions, 1990, 21: 817-829.

[70] MANOHAR P A, CHANDRA T, KILLMORE C R, et. al. Continuous cooling transformation behaviour of microalloyed steels containing Ti, Nb, Mn and Mo[J]. ISIJ international, 1996, 36(12): 1486-1493.

[71] MANOHAR P A, CHANDRA T. Effect of TMP and Mn content on the CCT behavior of Ti-Nb-Mo steels[C]//Proceedings of the international conferenceon thermo-mechanical processing of steels and other materials-TERMEC'97, 1997: 749-755.

[72] MANOHAR P A, CHANDRA T. Continuous cooling transformation behavior of high strength microalloyed steels for linepipe applications[J]. ISIJ international, 1998, 38(7): 766-774.

[73] 李承基. 贝氏体相变理论[M]. 北京: 机械工业出版社, 1995: 6.

[74] 康沫狂, 杨思品, 管敦惠. 钢中贝氏体[M]. 上海: 上海科学技术出版社, 1990: 154.

[75] 肖纪美. 合金相与相变[M]. 北京: 冶金工业出版社, 1987: 299.

[76] KINSMAN K R, EICHEN E, AARONSON H T. Thickening kinetics of proeutectoid ferrite plate in Fe-C alloys[J]. Metallurgical transaction,

1975, 6: 303-317.

[77] OHMORI Y, MAKI T.Bainitic transformation in view of displacive mechanism[J].Materials transactions JIM, 1991, 32(8): 631-641.

[78] WU X L, ZHANG X Y, KANG M K, et al.Displacive mechanism of bainitic formation in carbon-depleted region of austenite[J].Metallurgical transaction JIM, 1994(11): 782-786.

[79] BHADESHIA H K D H, DAVID S A, VITEK J M, et al.Stress induced transformation to bainite in Fe-Cr-Mo-C pressure vessel steel[J].Materials science and technology, 1991, 7(8): 686-698.

[80] MATSUZAKI A, BHADESHIA H K D H, HARADA G A.Stress affected bainitic transformation in a Fe-C-Si-Mn alloy[J].Acta metallurgica, 1994, 42: 1081-1090.

[81] BHADESHIA H K D H, CHRISTIAN J W.Bainite in steels[J].Metallurgical transaction, 1990, 21(3): 767-797.

[82] BABU S S, BHADESHIA H K D H.Stress and auricular ferrite transformation[J].Materials science and engineering, 1992, 156: 1-4.

[83] SHIPWAY P H, BHADESHIA H K D H.The effect of small stress on the bainite transformation[J].Materials science and engineering, 1995, A201(1): 143-149.

[84] SHIPWAY P H, BHADESHIA H K D H.Mechanical stabilisation of bainite[J].Materials science and technology, 1995, 11: 1116-1128.

[85] SHIPWAY P H, BHADESHIA H K D H.The mechanical stabilisation of

Widmanstätten ferrite[J].Materials science and engineering, 1997, 223:
179-185.

[86] 殷瑞玉.钢的质量现代进展(下篇)[M].北京:冶金工业出版社,
1995:27.

[87] 李凤照,敖青,姜江,等.贝氏体钢中贝氏体铁素体纳米结构[J].金
属热处理, 1999, 21(12):7-10.

[88] YANF J R, HUANG C Y, HSIEH W H, et al.Mechanical stabilizaton of
austenite against bainitic reaction in Fe-Mn-Si-C bainitic steel[J].Met-
allurgical transaction JIM, 1996, 37(4):579-585.

[89] SINGH S B, BHADESHIA H K D H.Quantitative evidence for mechani-
cal stabilisation of bainite[J].Materials science and technology, 1996,
7:610-612.

[90] TSUZAKI K, FUKASAKU S, TOMOTA Y, et al.Effect of prior deforma-
tion of austenite on the $\gamma \rightarrow \varepsilon$ martensitic transformation in Fe-Mn alloys
[J].Metallurgical transaction JIM, 1991, 32(3):222-228.

[91] VALDES E, SELLARS C M.Influence of roughing rolling passes on ki-
netics of strain induced precipitation of Nb(C, N)[J].Materials science
and technology, 1991, 7(7):622-630.

[92] KESTENBACH H J, RODRIGUES J A, DERMONDE J R.Niobium car-
bonitride precipitation in low carbon high manganese steel after hot rolling
[J].Materials science and technology, 1989, 5:212-219.

[93] DUTTA B, SELLARS C M.Effect of composition and process variables on
Nb(C, N) precipitation in niobium microalloyed austenite[J].Materials

science and technology, 1987, 3: 197-206.

[94] DJAHAZI M, HE X L, JONAS J J, et al.Nb(C, N)precipitation and austenite recrystallization in boron-containing high-strength low-alloy steels[J].Metallurgical transaction, 1992, 23: 2111-2120.

[95] 张海峰.锻造工艺对非调质钢 35MnVS 组织与性能及析出的影响 [D].沈阳: 东北大学, 1992: 89.

[96] DJAHAZI M, HE X L, JONAS J J, et al.Influence of boron on nature and distribution of strain induced precipitations in(Ti, Nb)high strength low alloy steels[J].Materials science and technology, 1992, 8: 628-635.

[97] HUANG C Y, YANG J R, WANG S C.Effect of compressive deformation on the transformation behavior of an ultra-low-carbon-bainitic steel[J]. Materials transactions JIM, 1993, 34(8): 658-668.

[98] YANG J R, HUANG C Y, CHIOU C S.The influence of plastic deformation and cooling rates on the microstructural constituents of an ultra-low carbon bainitic steel[J].ISIJ international, 1995, 35(8): 1013-1019.

[99] YAMAOTO S, YOKOYAMA H, YAMADA K, et al.Effects of the austenite grain size and deformation in the unrecrystallized austenite region on bainite transformation behavior and microstructure[J].ISIJ international, 1995, 35(8): 1020-1026.

[100] FUJIWARA K, OKAGUCHI S, OHTANI H.Effect of hot deformation on bainite structure in low carbon steels[J].ISIJ international, 1995, 35 (8): 1006-1012.

[101] YANG J R, CHIOU C S, HUANG C Y.The effect of prior deformation

of austenite on toughness property in ultra-low carbon bainite steel[C]//
Proceedings of the international conference on thermo-mechanical pro-
cessing of steels and other materials-TERMEC'97, 1997: 435-441.

[102] BAI D Q, YUE S, MACCAGNO T M.Effect of deformation and cooling
rate on the microstructure of low carbon Nb-B steels[J].ISIJ interna-
tional, 1998, 38(4): 371-379.

[103] BAI D Q, YUE S, MACCAGNO T M, et al.Transformation during the
isothermal deformation of low-carbon Nb-B steels [J]. Metallurgical
transaction, 1998, 29(5): 1383-1394.

[104] BAI D Q, YUE S, MACCAGNO T M, et al.Continuous cooling transfor-
mation temperature determined by compression tests in low carbon bai-
nite grades[J].Metallurgical transaction, 1998, 29(3): 989-1001.

[105] 俞德刚, 朱钰如, 陈大军, 等.Fe-C 合金贝氏体铁素体的相变基元
与类马氏体形貌贝氏体的形成[J].金属学报, 1994, 30(9): 385-
393.

[106] ANDRADE H I, AKBEN M G, JONAS J J, et al.Effect of molybde-
num, niobium, and vanadium on static recovery and recrystallization
and on solute strengthening in microalloyed steels[J].Materials transac-
tions JIM, 1983, 14(10): 1967-1977.

[107] 雍岐龙, 马鸣图, 吴宝榕.微合金钢: 物理和力学冶金[M].北京: 机
械工业出版社, 1989: 188.

[108] 熊尚武.变形抗力数学模型研究[D].沈阳: 东北工学院, 1991: 72.

[109] 孙卫华.C-Mn 钢热轧板带过程中温度级组织性能预报解析的建立

［D］.沈阳：东北工学院，1989：23.

［110］ 刘振宇.C-Mn 钢热轧板带组织-性能预测模型的开发及再生产中的
应用［D］.沈阳：东北大学，1995：84.

［111］ 魏岩.HQ685 钢连续冷却相变行为及控轧控冷工艺［D］.沈阳：东北
大学，1997：73.

［112］ 韩冰.微合金钢热变形行为的研究及中厚板轧制规程的离线实现
［D］.沈阳：东北大学，1996：22.

［113］ 刘刚.热轧管线钢显微组织预测数学模型［D］.沈阳：东北大学，
1998：58.

［114］ 王昭东.应用形变热处理原理开发 HQ685 高强钢板［D］.沈阳：东北
大学，1998：89.

［115］ 曲锦波.HSLA 钢板热轧组织性能控制及预测模型［D］.沈阳：东北
大学，1998：72.

［116］ 刘东升.钢材热变形奥氏体相变规律的研究［D］.沈阳：东北大学，
1999：63.

［117］ LIU W J.A new theory and kinetic modelling of strain-induced precipita-
tion of Nb（CN）in microalloyed austenite［J］.Materials transactions
JIM，1995，23（6）：1641-1657.

［118］ LIU W J，JONAS J J，HAWBOLT E B.Thermodynamic precipitation
and sulphide precipitation in multicomponent austenite［C］∥Proceed-
ings of the international conference on mathematical modelling of hot
rolling of steel，1990：457-466.

［119］ LIU W J，JONAS J J.A stress relaxation method for following carbonitride precipitation in austenite at hot working temperatures[J].Metallurgical transaction，1988，19(6)：352-357.

[120]　LIU W J，JONAS J J.Ti(CN) precipitation in microalloyed austenite during stress relaxation[J].Metallurgical transaction，1988，19：173-177.

[121]　王祖滨，东涛.低合金高强度钢[M].北京：中国原子能出版社，1996：1.

[122]　王占学.塑性加工金属学[M].北京：冶金工业出版社，1991：23.

[123]　葛启录，周玉，李从武.机械工程材料研究进展：非调质钢控轧控冷对力学性能的影响[M].北京：冶金工业出版社，1998：36.

[124]　方鸿生，王家军，杨志刚，等.贝氏体相变[M].北京：科学出版社，1999：229.

[125]　马家骥.16Mn 钢厚板控制轧制、控制冷却研究[D].沈阳：东北工学院，1992：21.

[126]　张晓明.控轧控冷 16Mn 钢强韧化机制的研究[D].沈阳：东北工学院，1990：87.

[127]　李智，王国栋，刘相华.贝氏体型非调质钢过冷奥氏体的连续冷却转变[J].热加工工艺，1999，5(2)：44-45.

[128]　徐祖耀，刘世楷.贝氏体相变与贝氏体[M].北京：科学出版社，1991：24.

[129]　李智，马春雨，刘常升，等.贝氏体非调质钢热变形奥氏体的动态再结晶行为[J].大连大学学报，2004，25(4)：29-31.

[130]　俞德刚，王世道.贝氏体相变理论[M].上海：上海交通大学出版社，

1998：78.

[131] 张世中.钢的过冷奥氏体转变曲线图集[M].北京：冶金工业出版
       社，1993：34.

[132] 林慧国，傅代直.钢的奥氏体转变曲线[M].北京：机械工业出版社，
       1988：75.

[133] 李智，王国栋，刘相华.SBL非调质钢奥氏体的连续冷却转变[J].金
       属热处理学报，1999，20(3)：42-46.

[134] LI Z, WANG G, LIU X.Effect of the controlled rolling and controlled
       cooling on the strength and ductility of the bainite micro-alloyed engi-
       neering steel[J].Acta metallurgica sinica，2000，13(2)：421-427.

[135] 李智，王国栋，刘相华.贝氏体型非调质钢热变形奥氏体的连续冷
       却转变[J].钢铁研究学报，1999，11(6)：35-37.

[136] 门学勇.钢的相变试验及组织分析[M].哈尔滨：哈尔滨工业大学出
       版社，1990：16.

[137] 程怡萱，郦剑，陈理淳.钢的相变显微组织[M].杭州：浙江大学出
       版社，1989：29.

[138] 方鸿生，王家军，杨志刚.贝氏体相变[M].北京：科学出版社，
       1999：77.